合肥工业大学图书出版专项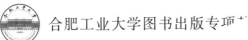力项目

碳基复合材料表界面调控及催化氧化机制

姚运金 著

合肥工业大学出版社

图书在版编目(CIP)数据

碳基复合材料表界面调控及催化氧化机制/姚运金著.—合肥:合肥工业大学出版社,2022.6

ISBN 978-7-5650-4831-9

Ⅰ.①碳… Ⅱ.①姚… Ⅲ.①碳/碳复合材料—研究 Ⅳ.①TB333.2

中国版本图书馆 CIP 数据核字(2019)第 299892 号

碳基复合材料表界面调控及催化氧化机制

TANJI FUHE CAILIAO BIAOJIEMIAN TIAOKONG JI CUIHUA YANGHUA JIZHI

姚运金 著 责任编辑 赵 娜

出 版	合肥工业大学出版社		版 次	2022 年 6 月第 1 版	
地 址	合肥市屯溪路 193 号		印 次	2022 年 6 月第 1 次印刷	
邮 编	230009		开 本	787 毫米×1092 毫米 1/16	
电 话	理工图书出版中心:0551-62903004		印 张	10.5	
	营销与储运管理中心:0551-62903198		字 数	249 千字	
网 址	www.hfutpress.com.cn		印 刷	安徽昶颉包装印务有限责任公司	
E-mail	hfutpress@163.com		发 行	全国新华书店	

ISBN 978-7-5650-4831-9 定价:48.00 元

如果有影响阅读的印装质量问题,请与出版社营销与储运管理中心联系调换。

前　言

　　水资源是人类赖以生存和发展的必要资源,也是科技成果运用于生产领域的直接参与者,传统科技价值体系盲目追求经济效益而忽视了与生态环境之间建立起平衡关系,严重制约和影响了人类社会的可持续发展。习近平总书记指出的"绿水青山就是金山银山"的发展理念既为整个工业体系的发展提供了思想遵循,也为研究如何架构起当前和未来、人类个体和生态总体之间的沟通桥梁提供了支撑。在这一宏观背景下,研究工业废水的无害化处理在探索水资源的循环利用和水源环境的提升改善上具有强烈的现实意义,也是对未来社会的工业生产模式、工业企业布局乃至人类、工业共生等问题的一种有效探索。

　　高级氧化技术通过活化氧化剂驱动催化反应,并利用生成的强氧化性活性物种在温和的条件下直接降解和净化环境污染物。其作为一种新型、绿色、高效的水处理技术手段,在解决持久性有毒有机废水污染问题方面具有巨大的生态效益和经济潜力,并且应用前景广阔。目前,已有多种催化剂被相继开发并应用于高级氧化技术中,如过渡金属离子、过渡金属单质及氧化物、双金属氧化物以及碳基复合材料等。其中,碳基复合材料因其原料价廉易得、物理化学性能优异、结构和性能易于调控等特点,近年来受到了国内外科研人员的广泛关注。本人自2012年开展碳基复合材料研究以来,针对其制备成本高、活性低、催化稳定性差等关键技术问题展开了一系列研究,并取得了一定的进展。

　　为使广大读者更加了解碳基复合材料及其在环境催化领域的应用,本书是本人在参考国内外相关领域研究资料的基础上,对团队近些年在碳基复合材料方面取得的研究成果进行了收集、整理和总结后撰写的。本书的主要内容是历届研究生徐川、秦家成、蔡云牧、卢芳、陈浩、吴国东等人在本领域内持续研究成果的积累,部分章节是在他们的学位论文的基础上整理而成的。本书共分为6章。第1章主要阐述了高级氧化技术研究现状;第2章介绍了碳基复合材料的相关表征测试技术及其在水处理应用领域的研究方法;第 3～5 章分别对基于石墨烯、石墨相氮化碳和碳纳米管的碳基复合材料的制备、表征、催化性能评价及反应机理进行了介绍;第 6 章为本书内容的总结。本书具有较强的学术价值和应用价值,可供化学工程、环境催化、材料工程等相关领域的工作人员参考,也可供高校和科研机构的相关专业人员参阅。

本书的完成得益于国家自然基金(21876039)、中国博士后科学基金(2015M570547、2016T90585)、安徽省自然科学基金(1708085MB41)、澳大利亚研究委员会(DP150103026)以及 2019 年度合肥工业大学图书出版专项基金等项目的共同资助,在此致以诚挚的谢意。同时,本书的出版得到了合肥工业大学出版社的大力支持,研究生张婕、胡熠、刘笑言承担了部分内容的撰写工作,并对本书进行了细致的排版和校对,在此对他们一并表示感谢。

碳基复合材料及其应用横跨化工、材料、环境等诸多学科,专业面广,新技术新成果不断涌现。本书所介绍的内容只是其中的一小部分,再加上本人水平有限,书中难免有不妥之处,敬请读者批评指正。

姚运金

2022 年 4 月

目　　录

第1章 绪 论

1.1 有机污染物概述

1.1.1 有机污染物的特点

随着经济的快速发展,有机化合物在人类生产和生活中的应用越来越广,大量有毒、有害有机物排入水体,从而造成异常严峻的水污染问题。水资源污染的来源,总体来说包括三大部分:工业废水、城市生活污水以及农业污水。其中,工业废水污染对人类健康的危害尤为严重,且国内工业废水排放量是国外同行业的 $1.2\sim1.8$ 倍,在单位产品的生产耗水量上更是高达国外的 2 倍。生产工艺的落后导致工业废水排放量显著增多,环境污染问题日益严重,水资源短缺问题更加突出。再生水资源和受污染水体处理的首要目标就是解决工业废水中持久性有机污染物问题,工业废水中的持久性有机污染物大都具有以下特点:

(1)难降解。持久性有机污染物(如硝基化合物、氯代有机物、多环芳烃类和酚类化合物、溴代阻燃剂类等),因含有苯环结构或者具有相应的官能团(如硝基、卤素等),所以表现出疏水和亲脂的性能,从而导致其具有难以降解的特点。

(2)生物累积性与全球污染性。由于持久性有机污染物分子结构中有疏水亲脂的基团,最终可能通过食物链的放大作用在食物链上得到富集,威胁人类的健康安全。此外,环境中水的流动及大气沉降会导致其中的有机污染物向土壤环境中迁移转化,进而产生全球性环境污染。

(3)高色度。部分有机污染物分子结构中含有起生色作用的生色团(如硝基、偶氮基、亚硝基等)和起增色作用的助色团(如氨基、羟基、氯离子等)。而色度较高的废水能够吸收大部分光线,降低水体的透明度,造成水体缺氧,影响水体中植物和微生物的生长,使水体的自净能力下降,如不进行适当的处理,将会严重破坏生态系统平衡。

(4)高毒性。大多持久性有机污染物都具有"三致"(致癌、致畸、致突变)性,对人体健康和环境都有较大的危害。部分有机污染物如偶氮型、三芳甲烷型和蒽醌型等,已被列为致癌性测试的优先化学物质。

随着经济可持续发展要求的不断提高,工业废水行业排放标准也相应提高,传统的废水处理手段已经越来越难以满足新的环保标准。因此,开发出成本低廉、实用、安全、高效的新型有机污染物处理技术,对工业的健康可持续发展以及水环境的安全有着重要的实践价值和现实意义。

1.1.2 有机污染物的传统处理方法

传统的废水处理方法主要有通过物理作用分离不溶解污染物的物理法,加入化学物质分解污染物的一般化学法,以及借助微生物代谢作用分解污染物的生物法等(见图 1 - 1)。

其中,物理法仅将污染物进行相转移,无法破坏污染物内部结构,不能根除有机污染物;一般化学法添加的氧化或催化试剂易对水体造成二次污染,不能满足环保要求;生物法对 pH、温度等条件要求较高,且降解过程时间较长。因此,针对持久性有毒有机污水的净化,亟须开发新型高效、环保、经济的污水处理技术。基于此,高级氧化技术应运而生。

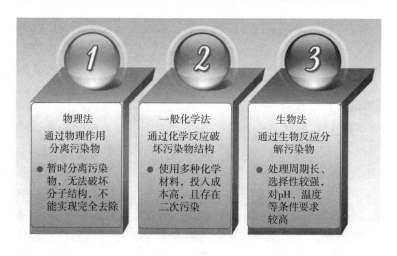

图 1-1　传统废水处理方法

1.2　高级氧化技术

高级氧化技术(Advanced Oxidation Processes,AOPs)是在热、电、声、光、催化剂等反应条件下生成强氧化能力的自由基[如羟基自由基(HO·)和硫酸根自由基(SO_4^-·)等],这些自由基可以将持久性有机大分子氧化降解成低毒或无毒的小分子有机物,甚至可以将有机污染物完全矿化为二氧化碳、水和无机盐。高级氧化技术具有氧化能力强、反应速率快、过程可控、选择性低、无二次污染且能降解多数有机污染物等特点。当前,高级氧化技术反应过程中产生的高活性自由基主要有 HO·、SO_4^-·、HO_2·、O_2^-·等,所常用的氧化剂主要有过氧化氢(H_2O_2)、臭氧(O_3)和过硫酸盐等。随着研究的持续深入,一些卤族类和其他活性自由基也被证实具有一定的氧化还原活性,如 I_2^-·、I·、Br_2^-·、Cl_2^-·、Cl_3^-·等。常见自由基和氧化剂的标准氧化电极电位及半反应方程式见表 1-1 所列。

表 1-1　常见自由基和氧化剂的标准氧化电极电位及半反应方程式

序号	氧化剂	半反应方程式	标准氧化电极电位 E^0/eV
1	SO_4^-·	$SO_4^-· + e^- \rightleftharpoons SO_4^{2-}$	2.60
2	HO·	$OH· + e^- \rightleftharpoons OH^-$	2.80
3	$H_2O_2(H^+)$	$H_2O_2 + 2H^+ + 2e^- \rightleftharpoons 2H_2O$	1.76
4	$O_3(H^+)$	$O_3 + 2H^+ + 2e^- \rightleftharpoons H_2O$	2.08
5	$S_2O_8^{2-}$	$S_2O_8^{2-} \rightleftharpoons O_2 + H_2O$	2.01

序号	氧化剂	半反应方程式	标准氧化电极电位 E^0/eV
6	HSO_5^-	$HSO_5^- + 2H^+ + 2e^- \Longrightarrow HSO_4^- + 2H_2O$	1.82
7	$HO_2 \cdot$	$2HO_2 \cdot + 2e^- \Longrightarrow O_2 + H_2O_2$	1.65
8	$I \cdot$	$I \cdot + e^- \Longrightarrow I^-$	1.33
9	$I_2^- \cdot$	$I_2^- \cdot + e^- \Longrightarrow 2I^-$	1.03
10	$Br_2^- \cdot$	$Br_2^- \cdot + e^- \Longrightarrow 2Br^-$	1.63
11	$Cl_2^- \cdot$	$Cl_2^- \cdot + e^- \Longrightarrow 2Cl^-$	2.09
12	F_2	$F_2 + 2e^- \Longrightarrow 2F^-$	2.87
13	$CO_3^- \cdot$	$CO_3^- \cdot + e^- \Longrightarrow CO_3^{2-}$	1.59

由表1-1可知，$HO \cdot$ 和 $SO_4^- \cdot$ 的标准氧化电极电位分别为2.80 eV和2.60 eV，仅次于氟（在常见自由基和氧化剂中的氧化电极电位值最高）。由此可得，$HO \cdot$ 和 $SO_4^- \cdot$ 具有超高的氧化性能。

根据自由基产生方式和反应条件的不同，高级氧化技术可分为Fenton氧化与类Fenton氧化、臭氧氧化、光催化氧化、超声氧化等技术。

1.2.1 Fenton 氧化技术

1984年，科学家Fenton首次发现 H_2O_2 与 Fe^{2+} 的混合溶液具有强氧化性，可以将有机化合物（如羧酸、醇、酯等）氧化为无机小分子。H_2O_2 与 Fe^{2+} 的混合溶液在废水处理中应用逐渐广泛，为了纪念这一伟大发现，遂将 H_2O_2 与 Fe^{2+} 的混合溶液称为Fenton试剂，将利用Fenton试剂降解有机污染物的反应称为Fenton反应。Fenton反应主要是通过 Fe^{2+} 活化 H_2O_2 生成高活性羟基自由基（$HO \cdot$），高活性的 $HO \cdot$ 氧化水中有机污染物，具体反应方程式如下：

$$Fe^{2+} + H_2O_2 \longrightarrow Fe^{3+} + HO \cdot + OH^- \tag{1-1}$$

$$HO \cdot + 有机污染物 \longrightarrow CO_2 + H_2O + 无机小分子 \tag{1-2}$$

虽然Fenton氧化技术可高效净化含苯类、酚类、酯类和重金属离子等的废水，但随着科学技术的不断革新，基于实践研究结果发现，Fenton反应体系在实际应用中仍存在诸多缺陷，主要表现如下：①Fenton反应在pH接近3.0时降解效果最优，随着反应体系pH的升高，降解效果因铁聚集和沉降而显著降低。此外，在氧气存在下，Fe^{2+} 易被氧化为 Fe^{3+} 发生沉降，从而使降解效果变差，并需对铁泥进行处理。因为实际工业废水的pH一般高于6.0，所以在处理实际工业废水时需加入大量的酸液进行pH调节，这极大地增加了治理成本。②Fenton反应中 Fe^{2+} 并非催化剂，它会因参与降解反应而被消耗。反应过程需要过多的铁盐，其与 H_2O_2 的摩尔比在1:1与2:1之间。而 H_2O_2 用量基本为待降解有机化合物含量的数十倍，且利用率不高，这就造成了氧化剂的严重浪费。

基于上述原因，很多研究者对传统的Fenton反应进行了诸多改进，如采用外加光、超声或其他新型催化剂替代 Fe^{2+}，这样既能加快反应速率又可提高染料的矿化率。殷井云等通

过水热法合成磁性 Fe_3O_4 纳米微球,并将其作为催化剂与 H_2O_2 组成类 Fenton 体系降解亚甲基蓝(MB),在 pH 为 2.5～4.5 时,降解效果良好,拓宽其应用的 pH 范围,且 Fe_3O_4 在循环使用 3 次后仍然具有较好的催化活性。龚斌等利用 α-Fe_2O_3/H_2O_2 体系实现了对酸性橙 7(AO7)的有效去除,在反应 120 min 时脱色率高达 98.74%,循环实验 5 次后脱色率仍在 90% 以上。此外,龚斌等对反应机理的研究表明,HO• 在降解过程中占主要作用。

虽然研究工作者通过改进 Fenton 体系解决了应用的 pH 范围窄、催化剂难回收等难题,但仍存在着氧化剂利用率不高、催化活性较低等问题,所以仍需进一步优化工艺。

1.2.2 光催化氧化技术

紫外光(UV)不仅能活化不同类型的氧化物来去除有机污染物,而且在光催化剂作用下不需要外加氧化剂同样也能降解有机污染物。光催化氧化的原理主要是在紫外光的照射下,光催化剂吸收光子,当光子能量等于或超过催化剂的带隙,激发电子(e^-)从满带跃迁到传导带,从而产生一个电子空穴(h^+),光催化剂表面形成的电子空穴将水和 O_2 氧化成 HO•,HO• 再将持久性有机污染物矿化为 CO_2 和 H_2O。

目前常用的光催化剂材料有 TiO_2、ZnO、ZrO_2、CdS、MoS_2 及其复合材料等。光催化剂材料在容纳一个电子空穴情况下,化学元素能可逆地改变价态,且自身结构不会被破坏。Le 等构建了非晶态 TiO_2 纳米粒子与石墨烯(GR)的二维复合材料,提高了 TiO_2 的光催化性能,改性后的 GR-TiO_2 在 300 W 氙灯照射下可以高效去除有机物甲苯。Malik 等通过模板法合成了 Au-TiO_2@m-CN,研究了 Au-TiO_2@m-CN/UV 体系对甲基橙的氧化去除情况。实验结果表明在可见光照射下反应 90 min 内 Au-TiO_2@m-CN/UV 体系对甲基橙的去除率可以达到 90.4%,比纯 TiO_2 降解甲基橙的速率高了 2 倍,Au-TiO_2@m-CN 光催化降解甲基橙反应机理图如图 1-2 所示。

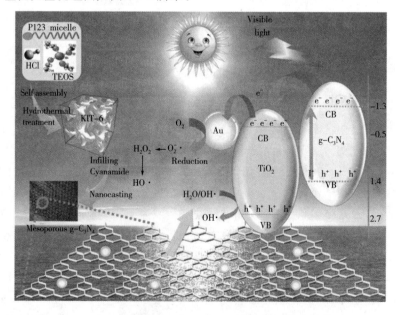

图 1-2　Au-TiO_2@m-CN 光催化降解甲基橙反应机理图

(图片来源:Malik et al.,2018)

虽然近些年来,光催化氧化因矿化程度高、降解速度快、反应过程绿色环保等优点被广泛应用,但是光催化氧化技术仍处在探索阶段,大部分光催化剂仍需紫外光的辐射才能激活,存在成本大、能耗高等问题,因此需要对光催化剂进一步优化和改进。

1.2.3 臭氧氧化技术

臭氧(O_3)是大气层中存在的一种物质,其稳定性较差,在常温条件下能缓慢分解为氧气。分子态臭氧的氧化性能较强,其氧化还原电位高达 2.08 eV,主要应用于脱色、消毒、去除水中化学需氧量(Chemical Oxygen Demand,COD)等。单独采用臭氧虽然能降解大部分有机物,但臭氧对饱和性有机物活性较低,且存在利用率低、在水中溶解度低等问题。研究发现,在碱性条件下,臭氧经催化剂活化能产生高活性物种,如 HO· 和 HO_2· 。HO· 等活性物种的氧化还原电位远远高于 O_3,所以能将水体中有毒有机污染物快速矿化,并且对饱和性有机物也能高效去除。

臭氧常见的活化方法主要分为 UV 和过渡金属催化臭氧氧化体系两种。过渡金属催化臭氧氧化体系是指在过渡金属活化臭氧过程中产生高活性物种 HO· 等,但是其不可避免的金属离子浸出以及臭氧利用率低限制了其应用。UV/O_3 体系是指在紫外光照射下 O_3 首先分解为 O_2 和 H_2O_2,随后 O_2 和 H_2O 反应产生 HO·,H_2O_2 在光催化下同样也能生成HO· 。Cassandra 等考察了 UV/O_3 体系在不同 pH 下降解染料酸性黑210 的性能情况,实验结果表明不管是酸性还是碱性环境,UV/O_3 体系在 30 min 反应时间内都能完全降解酸性黑 210,这表明反应体系受 pH 影响较小,可以应用的 pH 范围较广。

虽然 UV/O_3 体系降解有机污染物高效、环保、臭氧利用率高,但是存在 O_3 在溶液中溶解度低、对场地有要求、适用的 pH 范围窄等缺陷。

1.2.4 超声氧化技术

超声氧化法是利用频率范围为 16～1000 kHz 的超声波辐射溶液,使溶液产生超声空化,在溶液中形成局部高温高压进而生成局部高浓度氧化物 HO·,并和 H_2O_2 形成超临界水,快速降解有机污染物。超声氧化法集合了自由基氧化、焚烧、超临界水氧化等多种水处理技术的特点,效率高、适用范围广、无二次污染,是一种很有发展潜力和应用前景的清洁水处理技术。单独使用超声氧化技术能够去除水中的某些有机污染物,但其单独使用的成本高,且对亲水性、难挥发的有机物处理效果较差,对总有机碳(Total Organic Carbon,TOC)的去除不彻底,因此常与其他高级氧化技术联用,以降低处理成本、改善处理效果。Li 等采用超声-类 Fenton 体系降解双酚 A,并发现双酚 A 降解效率在超声作用下相比于在单独的类 Fenton 反应中提高了 2.32 倍,且在 5 次循环实验后超声-类 Fenton 体系的降解效率仍能保持在 95%,而类 Fenton 体系降解效率仅有 54.1%。此外,通过对自由基猝灭实验、铁的溶解和 H_2O_2 分解的研究,推测反应过程中产生的 HO· 对双酚 A 的降解起着重要的作用,超声-类 Fenton 体系联合降解双酚 A 的反应机理图如图 1-3 所示。

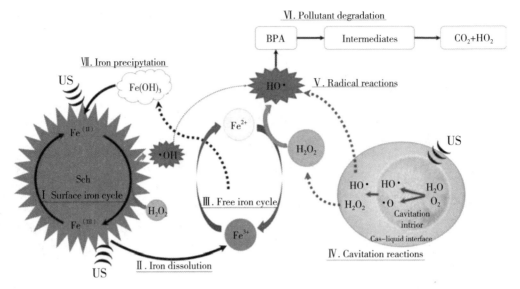

图 1-3　超声-类 Fenton 体系联合降解双酚 A 的反应机理图

（图片来源：Li et al.，2018）

1.3　过硫酸盐高级氧化技术

虽然超声氧化降解有机污染物高效、环保，但是存在设备昂贵、对场地有要求等缺陷，因此不利于大规模工业化应用。上述高级氧化技术都是基于生成高活性 HO· 的，然而，HO· 的半衰期非常短、不能充分与有机污染物接触反应、HO· 的活性受 pH 影响较大等因素都限制了其工艺的广泛应用。近年来，基于活化过硫酸盐产生硫酸根自由基的高级氧化技术逐渐进入人们的视野。

1.3.1　过硫酸盐概述

过硫酸盐是一类常见的氧化剂，主要有钠盐、铵盐和钾盐。过硫酸盐主要包括含有 $S_2O_8^{2-}$ 的过二硫酸盐（PDS）和含有 HSO_5^- 的过一硫酸盐（PMS）。PDS 和 PMS 均属于过氧化氢的衍生物，H_2O_2、PDS 和 PMS 的结构示意图如图 1-4 所示。PMS 相当于—SO_3H 取代 H_2O_2 一端的 H 而得，具有不对称性，而 PDS 则是同时取代 H_2O_2 两端的 H 形成的对称结构。H_2O_2、PMS 和 PDS 结构中的 O—O 键键长逐渐增长，表明 PMS 和 PDS 相比于 H_2O_2 更容易被活化。而过硫酸盐在常温下较稳定，通常需要外加能量和催化剂来破坏 O—O 键产生硫酸根自由基（$SO_4^- ·$）。

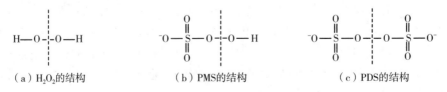

（a）H_2O_2的结构　　　　（b）PMS的结构　　　　（c）PDS的结构

图 1-4　H_2O_2、PMS 和 PDS 的结构示意图

1.3.2　外加能量/过硫酸盐体系

过硫酸盐在常温下反应活性较低,通常需要外加能量和催化剂使其在水溶液中电离,产生过硫酸根离子($S_2O_8^{2-}$)。热活化技术主要是为 O—O 键提供热能从而使其在热能的作用下发生断裂产生 $SO_4^- \cdot$。Yang 等考察了热能活化 PDS 和 PMS 降解有机染料 AO7 的情况。实验结果表明热/PMS 和热/PDS 体系都能有效地降解 AO7,但热能对 PDS 活化效果更明显,在温度为 80 ℃时,PDS 可在 40 min 内将 AO7 完全降解。

紫外光辐射主要是紫外光提供高能量来促使 PMS 和 PDS 结构中的 O—O 键断裂形成 $SO_4^- \cdot$。周骏等采用 UV 活化 PMS,以 4 -氯- 2 -硝基酚为目标污染物,研究该体系去除污染物的情况。实验结果表明紫外光活化 PMS 产生大量自由基,在一定的反应时间内可以高效去除 4 -氯- 2 -硝基酚,且 pH 为 2.0～7.0 均有良好的降解效果,UV/PMS 降解 4 -氯- 2 -硝基酚的可能的反应机理图如图 1-5 所示。

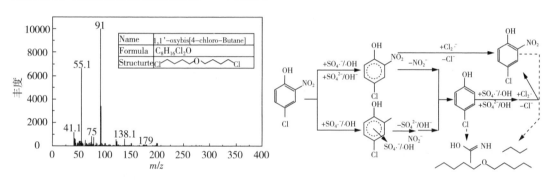

图 1-5　UV/PMS 降解 4 -氯- 2 -硝基酚的可能的反应机理图

(图片来源:周骏 等,2016)

虽然 PMS 可在热、光、超声等外加反应条件下分解产生 $SO_4^- \cdot$,并能有效地降解大多数有机污染物,但该类方法需要配置加热反应装置、紫外-可见光反应装置以及超声装置等,增加了操作成本,不利于工业化应用。

1.3.3　过渡金属/过硫酸盐体系

过渡金属离子活化 PMS 的方法与基于外加能量活化的方法相比,可有效解决反应器、反应系统构造复杂以及成本较高等问题。相关文献报道 Ag(Ⅰ)、Ce(Ⅲ)、Co(Ⅱ)、Fe(Ⅱ)、Fe(Ⅲ)、Mn(Ⅱ)、Ni(Ⅱ)、Ru(Ⅲ)以及 V(Ⅲ)等过渡金属离子均可活化 PMS 产生强氧化性自由基,从而降解水中有机污染物,其对应的反应方程式如下所示:

$$HSO_5^- + M^{n+} \longrightarrow M^{(n+1)+} + SO_4^- \cdot + OH^- \tag{1-3}$$

$$HSO_5^- + M^{n+} \longrightarrow M^{(n+1)+} + SO_4^{2-} + HO \cdot \tag{1-4}$$

$$HSO_5^- + M^{(n+1)+} \longrightarrow SO_5^- \cdot + M^{n+} + H^+ \tag{1-5}$$

Anipsitakis 等以 2,4 -二氯苯酚为模型污染物,考察了不同类型过渡金属离子与 PMS 作用降解 2,4 -二氯苯酚的效率。实验结果表明 Co(Ⅱ)离子与 PMS 作用降解污染物的效率最高,使用低浓度的 Co(Ⅱ)离子即可高效率的降解污染物。在此基础上,Chen 等进一步研究了 Co(Ⅱ)离子活化 PMS 产生活性自由基的机理,提出了 Co(Ⅱ)催化活化 PMS 的反应机理图如图 1-6 所示。

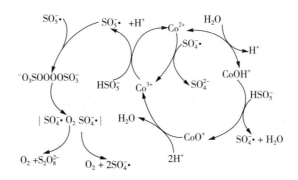

图 1-6　Co(Ⅱ)催化活化 PMS 的反应机理图

(图片来源:Chen et al.,2017)

尽管均相过渡金属离子催化剂与 PMS 作用对有机污染物的降解效果很好,但均相过渡金属离子催化剂本身存在的一些缺陷在一定程度上影响了它在工业上的广泛应用。首先,过渡金属离子以液态的形式存在于溶液中,当反应结束后,金属离子不易回收,从而造成资源浪费、生产成本高;其次,经研究表明过量的金属离子亦可致毒和致癌,严重影响人们的健康,如导致哮喘、肺炎和心肌病;最后,部分过渡金属离子在水溶液为中性条件下催化氧化 PMS 的活性较差,而在水溶液为碱性条件下易生成沉淀,同样也降低了其活化 PMS 的性能。为此,基于过渡金属的非均相催化剂应运而生,如过渡金属单质、合金、过渡金属氧化物、双金属氧化物等。

Zhou 等研究了 Mn_3O_4、Co_3O_4 和 Fe_3O_4 与 PMS 作用降解苯酚有机污染物的情况。实验结果表明 Mn_3O_4 和 Co_3O_4 纳米粒子活化 PMS 产生的 SO_4^- · 对苯酚的降解有很好的效果。采用拟一级模型拟合苯酚降解动力学,得到 Mn_3O_4 和 Co_3O_4 的活化能分别为 38.5 kJ/mol 和 66.2 kJ/mol(见图 1-7)。此外,催化剂在 3 次重复实验中表现出良好的催化稳定性。

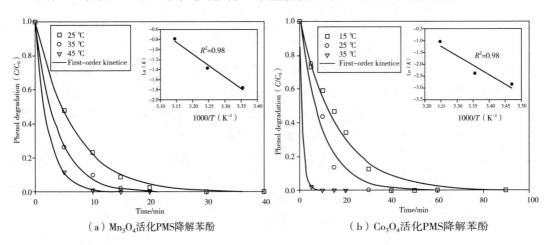

(a)Mn_3O_4活化PMS降解苯酚　　　(b)Co_3O_4活化PMS降解苯酚

图 1-7　活化 PMS 降解苯酚动力学模拟

(图片来源:Zhou et al.,2018)

Huang 等考察了双金属氧化物 $Mn_{1.8}Fe_{1.2}O_4$ 与 PMS 作用降解有机污染物双酚 A 的情况。实验结果表明,双金属氧化物 $Mn_{1.8}Fe_{1.2}O_4$ 催化性能远大于 Mn/Fe 单金属氧化物的催化性能。此外,$Mn_{1.8}Fe_{1.2}O_4$ 催化 PMS 生成强氧化性 SO_4^-·和 HO·,有效实现了双酚 A 的降解,$Mn_{1.8}Fe_{1.2}O_4$ 催化 PMS 降解双酚 A 的反应机理图如图 1-8 所示。

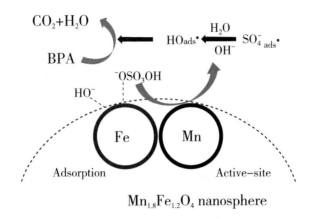

图 1-8　$Mn_{1.8}Fe_{1.2}O_4$ 催化 PMS 降解双酚 A 的反应机理图

(图片来源:Huang et al. ,2017)

虽然过渡金属单质及其氧化物与 PMS 的催化作用有效解决了均相离子催化剂不易浸出、不易回收等问题,但非均相金属催化剂在反应过程中也暴露出一些缺陷,如金属在反应过程中易发生团聚,活性中心容易被毒化,金属催化剂的保存条件较严格等问题。研究者们设想将非均相催化剂负载或包覆于碳基材料中,以期解决这些问题,并展开了一系列研究工作。

1.3.4　碳基材料/过硫酸盐体系

碳基纳米材料,如活性炭(AC)、碳纳米纤维(ACFs)、碳纳米管(CNTs)、氧化石墨(GO)、氧化石墨烯(rGO)等因具有高比表面积、可控的孔径、良好的化学稳定性、导电性和抗氧化性等特性而成为有效的催化剂载体。除此之外,AC、rGO、CNTs 本身亦可有效活化 PMS 去除水中有机污染物。如 Yun 等以玫瑰红(RB)为模型污染物,考察了 CNT 与 PMS 作用降解有机污染物的催化性能。实验结果表明,CNT 活化 PMS 为非自由基过程,反应过程生成活性物种单线氧($^1O_2$),并有电子转移,可高效降解染料玫瑰红,CNT/PMS 体系降解玫瑰红的反应机理图如图 1-9 所示。

非金属碳纳米材料的化学性质稳定、表面活性位点数量有限,因此,在与 PMS 作用降解有机污染物的过程中,降解效果较差。近年来,研究者们致力于将金属纳米粒子负载或包覆于碳材料中,这样做一方面可提高复合材料的催化活性;另一方面可有效避免金属材料团聚、被空气氧化。例如,Li 等以 $g-C_3N_4$ 为原料,通过改变 Fe^{2+} 掺杂量合成了系列 CNF 复合材料,并以 4-氯苯酚为目标污染物,考察 CNF/PMS 体系的降解性能。CNF/PMS 体系降解 4-氯苯酚的反应图如图 1-10 所示。由图 1-10 可知,CNF 复合材料的催化性能优于 $g-C_3N_4$ 单独与 PMS 作用的催化性能,从而证明了碳基复合材料的优越性,且随着含 Fe 量

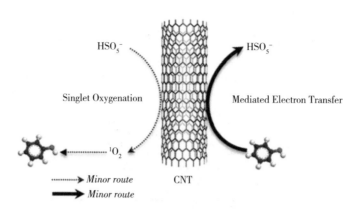

图 1-9　CNT/PMS 体系降解玫瑰红的反应机理图

（图片来源：Yun et al.，2018）

的不同催化活性也随之改变，表明碳基复合材料能够可控制备。Shi 等合成了 Co_3O_4/GO 复合材料，同样证明了在 Co_3O_4 与 GO 的协同作用下，催化 PMS 降解有机污染物的性能要优于单独使用 Co_3O_4 或 GO 的催化性能。

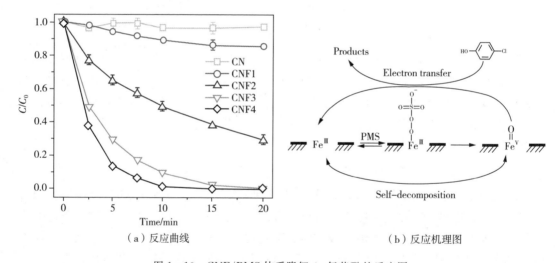

（a）反应曲线　　　　　　　　　　　　　　　（b）反应机理图

图 1-10　CNF/PMS 体系降解 4-氯苯酚的反应图

（图片来源：Li et al.，2018）

1.4　碳基复合材料催化氧化有机污染物研究现状

据前文介绍，碳纳米管、石墨烯、石墨相氮化碳等碳材料可通过掺杂改性提高复合材料的催化活性。本节重点描述基于这三种复合材料催化氧化有机污染物的现状。

1.4.1　碳纳米管

碳纳米管是由单层或多层石墨烯片围绕中心轴按一定的角度卷曲而成的，具有管状结构的碳质纳米材料，根据卷曲石墨烯片的层数不同可分为单壁碳纳米管和多壁碳纳米管（见

图 1－11）。碳纳米管中任意一个碳原子通过 sp^2 杂化与周围三个碳原子以 C—C 键的形式结合，且每个碳原子有一个未成对电子垂直于碳层的 π 轨道上，因此，碳纳米管具有良好的导电性能。而碳纳米管碳层表面上出现的五边形或七边形等碳层缺陷又会产生新的导电行为，从而增加碳纳米管的催化活性。

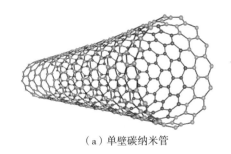
（a）单壁碳纳米管

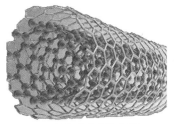
（b）多壁碳纳米管

图 1－11 碳纳米管

　　此外非金属元素的掺杂有效改善了碳纳米管的催化活性。Duan 等考察了以氮掺杂碳纳米管（N－CNTs）为催化剂催化降解苯酚的性能，并对 PMS 的活化机理和氮原子掺杂的作用进行了详细的研究。研究结果表明氮掺杂碳纳米管的催化活性明显高于未掺杂的碳纳米管，且催化剂活化 PMS 生成强氧化性的 $SO_4^- \cdot$ 和 HO·，N－CNTs 活化 PMS 降解苯酚的反应机理图如图 1－12 所示。

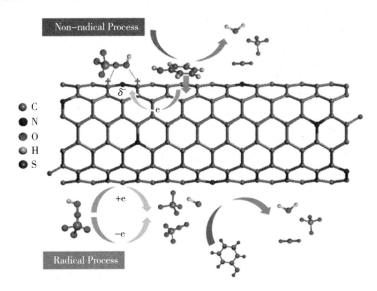

图 1－12 N－CNTs 活化 PMS 降解苯酚的反应机理图

（图片来源：Duan et al.，2015）

　　非金属元素的掺杂是提高碳纳米管催化活性的有效手段，但该非金属碳纳米管材料也存在一定的不足。如该类材料在连续使用过程中，催化活性下降较快，不利于连续使用；相比于金属材料，该类材料无磁性，回收成本较高。

　　研究结果表明金属纳米材料以及非金属碳纳米管均可高效催化 PMS 降解有机污染

物,但这两种材料都有各自的缺陷,如金属材料易团聚、非金属材料稳定性较差。而当两种材料复合使用时,金属能更好地分散在碳纳米管表面或被碳纳米管有效包覆,碳纳米管与金属之间能够进行电子传递,有效解决了材料自身的缺陷。同时,研究结果也表明氧化剂在金属与碳纳米管的协同作用下能够产生活性自由基,可以更好地催化降解有机污染物。

Feng 等采用共沉淀法合成了聚氢醌(PHQ)包覆的 Fe_3O_4 复合多壁碳纳米管材料(Fe_3O_4/MWCNTs/PHQ),并以此作为催化剂催化氧化 PDS 降解有机污染物氟甲喹。实验结果表明,该复合材料中 Fe_3O_4 与 MWCNTs 以及 PHQ 共同作用催化氧化 PDS 产生 $SO_4^- \cdot$,$SO_4^- \cdot$ 将水中的氟甲喹污染物降解为一些小分子物质以及 CO_2 和 H_2O。

1.4.2 石墨烯

石墨烯是由碳原子以 sp^2 杂化轨道组成的六角形蜂巢状晶格的二维结构碳层(见图1-13)。近年来,关于石墨烯负载型非均相催化剂的制备和性能研究等方面的报道显著增多。相比于单一纳米催化剂,石墨烯具有大的比表面积、强的表面能,以及氧化还原和电子迁移等特性,其作为纳米催化剂的载体不仅丰富了复合材料的物化性能,还提高了复合材料的催化活性,在环境净化等领域具有广阔的应用前景。

图 1-13　石墨烯

Duan 等合成了氮掺杂氧化石墨烯(N-GO),实验结果表明 N-GO 催化 PMS 降解有机污染物苯酚的效率明显优于未掺杂的氧化石墨烯。除 PMS 外,N-GO 与其他氧化剂作用降解有机污染物的效率相对于未掺杂的氧化石墨烯均明显提高,实验同样证明了反应过程中 $SO_4^- \cdot$ 和 $HO \cdot$ 的生成,N-GO/PMS 降解苯酚的反应机理图如图1-14所示。

Wang 等构建了 Co_3O_4@rGO/PMS 体系以产生 $SO_4^- \cdot$ 用于降解金橙Ⅱ(Orange Ⅱ),研究结果表明 Co_3O_4 和氧化还原石墨烯(rGO)仅具有微弱的催化活性,但其复合物 Co_3O_4-rGO在 PMS 存在下能高效地降解染料金橙Ⅱ,Co_3O_4@rGO/PMS 体系自由基产生机制图如图1-15所示。

图 1-14 N-GO/PMS 降解苯酚的反应机理图

（图片来源：Duan et al.，2015）

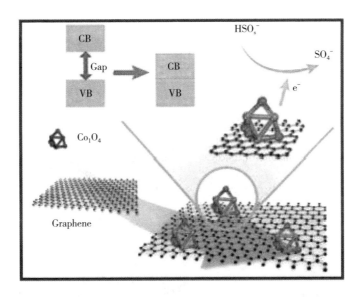

图 1-15 Co_3O_4@rGO/PMS 体系自由基产生机制图

（图片来源：Wang et al.，2016）

1.4.3 石墨相氮化碳

石墨相氮化碳($g-C_3N_4$)是由类似于石墨的片层结构层层堆叠而成。三嗪(C_3N_3)和七嗪(C_6N_7)的结构，如图 1-16(a)和(b)所示。两者都曾被认定是 $g-C_3N_4$ 片层的基本组成结构单元。Kroke 等通过密度泛函理论计算得出以 C_6N_7 为结构单元的 $g-C_3N_4$ 比以 C_3N_3 为结构单元的 g-C_3N_4 能量更低,进而表明前者结构更稳定。因此,现在普遍认为 g-C_3N_4 片层的基本组成结构单元是 C_6N_7,其片层环结构是由七嗪环末端的氮原子互相连接而成,如图 1-16(c)所示。

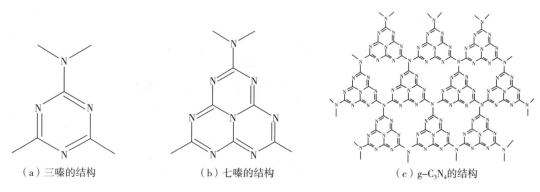

（a）三嗪的结构　　　　　　（b）七嗪的结构　　　　　（c）g-C_3N_4的结构

图 1-16　三嗪、七嗪和 g-C_3N_4 的结构图

g-C_3N_4 具有储量丰富、易规模化制备、热稳定性好、氧化能力强、电子迁移率高等优点,因此其作为催化剂降解有机污染物的研究备受关注。Gao 等以尿素为石墨相碳化氮前驱体,以草酸为氧源,采用易操作的热解法制备了氧掺杂石墨相氮化碳(O-CN),并用其活化 PMS 降解双酚 A。研究结果表明,O-CN 表现出良好的催化活性,其在 45 min 反应时间内完全去除了双酚 A,通过电子顺磁共振(Electron Paramagnetic Resonance,EPR)以及自由基猝灭实验证明 O-CN/PMS 体系生成了非自由基 $^1O_2$ 以及 $SO_4^- \cdot$ 和 HO·,并降解了双酚 A。O-CN/PMS 体系降解双酚 A 的反应机理图如图 1-17 所示。

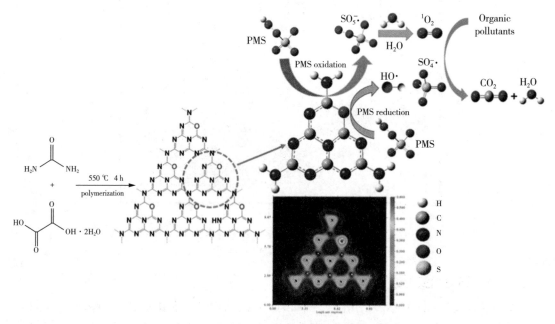

图 1-17　O-CN/PMS 体系降解双酚 A 的反应机理图

(图片来源:Gao et al.,2018)

Cheng 等研究发现氮化碳负载铜铁氧化物（$CuFe_2O_4/g-C_3N_4$）耦合 PDS 可以在可见光照射下完全降解普萘洛尔，而 $CuFe_2O_4$/PDS 体系只降解了 39.5% 的普萘洛尔，$g-C_3N_4$/PDS 体系只降解了 33.9% 的普萘洛尔。通过 EPR 和其他表征手段发现其高效降解普萘洛尔是因为反应体系中生成的 $SO_4^-\cdot$，$HO\cdot$，$O_2^-\cdot$，$^1O_2$ 和 h^+ 活性物种共同作用的结果。

1.5 碳基复合材料催化剂的研究和开发

基于碳基复合材料活化过硫酸盐高级氧化技术作为一种新型的环境有机污染物降解工艺，在工业废水处理领域受到了广泛的关注。据估计，与其他相关工艺相比，应用碳基复合材料活化过硫酸盐降解有机污染物在经济与环境方面无论现在还是将来都是有竞争力的。

虽然目前已有工业化的碳基复合材料，但价格昂贵，增加了其在实际应用中的成本。而目前制备的新型碳基复合材料，受催化剂降解效率及催化活性恢复的限制，总体上仍处于理论探索和实验室研究阶段，尚未达到产业化规模。影响其大规模工业化应用的主要问题包括以下几个方面：

（1）催化活性低。碳基复合材料活化氧化剂反应过程中产生的高活性物种受外界环境影响较大，难以处理量大、成分复杂且浓度高的工业废水。

（2）催化剂回收困难。虽然碳基复合材料在一定程度上解决了类 Fenton 反应中催化剂不能回收的问题，但作为一种典型的粉末催化剂，颗粒细微，不可避免地存在难回收、易损失等缺点。

（3）催化剂易毒化。工业废水中成分复杂，毒性大，碳基复合材料的活性易被毒化，从而导致失活。

因此，如何提高碳基复合材料催化活性，解决碳基复合材料回收困难以及保护碳基复合材料活性是碳基复合材料研究领域最具有挑战性的课题。

1.6 本书的选题意义及主要研究内容

综上所述，随着现代工业的飞速发展，水体中的持久性有毒有机污染物与日俱增，其组成复杂、生物毒性强、可生化性差，很难采用传统的工业技术进行治理，因此开发或建立新型高效矿化此类有机污染物的原理和方法具有重要的价值和意义。以纳米材料和纳米组装技术为基础的新型类 Fenton 反应体系，能够提供或在线构造一类特殊的微环境界面，通过与污染物分子的相互作用触发催化或转化效应，活化绿色廉价的氧化剂（如 H_2O_2、Oxone 等），生成强氧化性自由基安全高效地去除有机污染物，从根本上解决水污染治理难题。

碳纳米材料（如石墨烯、碳纳米管、石墨相氮化碳）等作为一种由碳原子杂化构成的新型材料，其结构具有多样性，能够提供较大的比表面积和较强的表面能，可与高活性纳米材料（如金属、金属氧化物、变价双金属氧化物等）有效结合。利用碳纳米材料的氧化还原和电子迁移特性，可实现不同纳米粒子间的电荷传输，有利于提升其在异相催化反应体系中的催化性能，在环境治理领域展现了广阔的应用前景。尽管科研工作者们在碳基复合材料及类 Fenton 技术等方面取得了一些成绩，但其依然存在制备成本高、催化活性低、催化稳定性差等缺陷亟待解决。

本书在国内外高级氧化催化纳米材料的研究基础之上,结合国际前沿技术,分别提出了掺杂负载改性、化学包覆和化学接枝改性等碳基复合材料的研究方法,实现了高性能碳基复合材料在环境催化领域中的应用。本书的研究思路如图 1-18 所示,具体的研究内容如下。

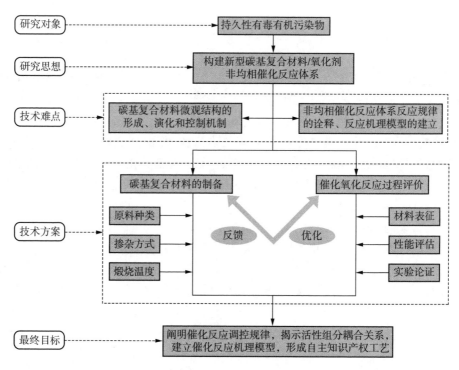

图 1-18　本书的研究思路

(1)高性能碳基复合材料的合成制备技术。

采用廉价易得的金属原料(二价盐和三价盐)、氰胺化合物以及含氮、硫、硼等非金属化合物均相混合,在氮气气氛保护下对均相粉末进行高温热解,一步实现非金属元素的掺杂、碳纳米管的生长以及高活性金属纳米颗粒的成核,即可获得一系列基于碳纳米管的非均相催化剂(如 Fe@C-BN、Fe@N-C、Ni@N-C 等)。同时,以修饰改性的石墨相氮化碳或氧化石墨烯为模板,并以其表面的大量官能团为"锚点",采用自组装技术接枝磁性金属、金属氧化物或变价双金属氧化物纳米颗粒,再经水热等工艺步骤即可获得一系列基于类石墨相氮化碳或石墨烯的非均相催化剂(如 Co@rGO、Mn_3O_4@rGO、$MnFe_2O_4$@rGO、$CoFe_2O_4$@C_3N_4、$CuFe_2O_4$@C_3N_4 等)。

研究过程中重点考察投料比、反应温度以及反应溶剂等工艺条件对合成碳基复合材料物相、形貌的影响,并利用现代表征测试手段分析碳基复合材料的组成、晶体结构、微观结晶状态和表面性质等,探索复合材料在合成过程中微观结构与工艺条件之间的作用规律,在微观表征的基础上实现复合材料的可控制备。

(2)碳基复合材料耦合氧化剂催化反应过程与控制原理。

通过构建碳基复合材料/氧化剂非均相催化反应体系,研究非均相催化体系降解典型有机污染物的吸附扩散、反应动力学和热力学等特征。考察了催化剂投加量、氧化剂投加量、催化反应温度、有机污染物种类、溶液初始 pH 等工艺条件对反应体系特性及转化历程的影响规律,建立本征反应动力学模型,澄清在催化反应过程中扩散、吸附、氧化等步骤对反应速率的影响。

考察复合催化剂的重复使用效果,评价其回收性能。通过分析催化剂的重复使用情况,探索失活催化材料离线和在线的再生方法和途径,为新型催化剂制备工艺条件的优化、催化剂结构设计的优化提供技术支撑。

(3)碳基复合材料耦合氧化剂催化反应机理及调控机制。

研究再生过程中失活催化剂体相、表面组成及结构变化,推断催化剂参与反应的活性组分,阐明复合材料失活的类型和机理。设计活性自由基抑制实验,并结合电子自旋共振技术分析非均相催化反应体系中存在的活性物质种类,建立催化反应机理模型。

第 2 章　研究方法

2.1　相关表征技术

复合材料的综合性能和应用价值取决于材料的化学组成及结构,因此对复合材料进行相关表征具有重要意义。

复合材料的表征通常是指对其微观结构与形貌、物相组成以及复合体系性能进行分析。只有在详细了解复合材料结构和性能信息的基础上,才能通过结构设计实现复合体系性质的有效调控,为创新低成本、高性能的复合材料制备技术提供科学依据。目前,可采用电子显微镜技术、X 射线衍射、红外光谱、气体吸附法等多种手段对复合材料进行有效分析。

2.1.1　扫描电子显微镜(SEM)

扫描电子显微镜(Scanning Electron Microscope,SEM)是显微镜家族中的后起之秀,世界上第一台扫描电子显微镜于 1942 年问世。经过半个多世纪的发展,扫描电子显微镜已成为当今科学研究领域不可或缺的技术手段之一。SEM 主要由真空系统、电子束系统以及成像系统三大部分组成,具有分辨率高、放大倍数高、景深大、样品制备简单且不易受损害等优点。利用 SEM 对材料进行分析,不仅可以获得材料表面的微细组织、断口形貌,同时还能对材料表面微区成分进行定性和定量分析。

扫描电子显微镜的制造依据是电子与物质之间的相互作用,其工作原理是利用电子枪发射的电子束为照明源,电子束经光栅扫描的方式扫描到样品上,与样品表面物质发生相互作用后激发出次级电子并由探测器收集,再依次经闪烁器、光电倍增管和放大器转换,最终在荧光屏上显示出与电子束同步的扫描图像,扫描电子显微镜的原理及成像示意图如图 2-1 所示。其中,电子束与样品表面物质作用时可产生不同种类的次级电子,如二次电子、俄歇电子、透射电子以及背散射电子等,每一种电子都有其对应的物质特征信息。正因如此,根据不同需求可制造出不同功能配置的扫描电子显微镜。

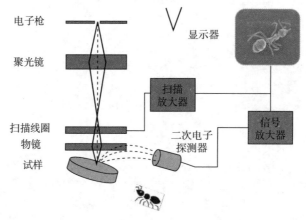

图 2-1　扫描电子显微镜的原理及成像示意图

本研究采用由日本电子制造的 Hitachi SU8020 型扫描电子显微镜分析复合材料的形貌,主要技术指标为冷场发射电子枪电子束流,配备连续可变二次电子检测器。

2.1.2 透射电子显微镜(TEM)

透射电子显微镜(Transmission Electron Microscope, TEM)技术是一种利用电子分析物质内部或表面结构的研究手段,其成像分辨率与电子波长成反比。由于透射电子显微镜中所使用电子的德布罗意波长非常短,因此其分辨率比一般的光学显微镜要高出很多,目前透射电子显微镜的分辨率可达 0.1～0.2 nm,放大倍数可达近百万倍。透射电子显微镜主要由照明系统、成像系统、真空系统、记录系统、电源系统五部分构成,透射电子显微镜结构示意图如图 2-2 所示。相比于 SEM,TEM 还可进行元素点、线、面以及材料界面的微观分析。

TEM 对样品的制备要求较高。利用 TEM 对材料进行表征分析时,一般要求材料厚度为 50～100 nm,以便电子束能够穿过。透射电子显微镜工作时,作为光源的电子束经聚光镜加速和聚集后会形成一束尖细、明亮而又均匀的光斑,照射在样品室内的样品上。透过样品并携带有样品信息的电子束经过物镜的会聚调焦和初级放大之后,再进入下游的中间镜和投影镜进行综合放大成像并投射在荧光屏上。使用者可在电脑上观察经荧光屏转化而成的可见光影像。

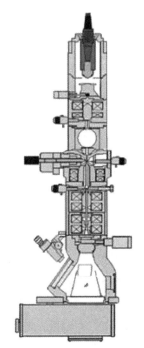

图 2-2 透射电子显微镜
结构示意图

本研究中复合材料的微观结构由日本电子制造的 JEM-2100F 型场发射透射电子显微镜进行表征,配有 ZrO/W(100)Schottky 热场发射电子枪。

2.1.3 X射线衍射(XRD)

X 射线本质是一种电磁波。采用 X 射线对材料进行衍射以获得相应的衍射图谱,从而分析其成分、原子结构及形态信息的研究手段即为 X 射线衍射(X-Ray Diffraction,XRD)技术。X 射线衍射技术发展至今,已形成了一套较为完善的应用技术,即 X 射线透射照相技术、X 射线光谱分析和 X 射线晶体结构分析。其中 X 射线晶体结构分析应用最为广泛,主要用于研究晶体物质或某些非晶态物质的微观结构。

1912 年,德国物理学家劳厄通过实验验证了一个重要的科学猜想:当一束 X 射线通过晶体时会发生衍射,衍射波叠加的结果会导致射线强度在不同方向上存在差异。通过分析获得的衍射图谱即可获得材料的晶体结构。1913 年英国物理学家布拉格父子在此基础之上成功测定了氯化钠、氯化钾等物质的晶体结构,并提出了著名的布拉格方程[见式(2-1)],布拉格方程的提出奠定了晶体衍射学的基础。布拉格方程示意图如图 2-3 所示。

$$2d\sin\theta = n\lambda \tag{2-1}$$

式中,d 为点阵平面间距;θ 为衍射角;λ 为 X 射线波长;n 为衍射级数。

布拉格方程简洁明了地指出了衍射所需满足的条件,即只有点阵平面间距大于波长一

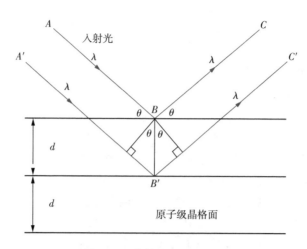

图 2-3 布拉格方程示意图

半的面族才有可能产生衍射。根据布拉格方程,在已知入射光波长 λ 的条件下,通过测定衍射角 θ 即可求得样品的面间距、晶胞大小和类型。根据衍射线强度,可对样品进行定量分析。此外,将所得的面间距和衍射线强度与 XRD 标准数据库进行对比,可对样品进行定性分析,即确定样品的结晶结构。

本研究中采用 X′Pert PRO MPD 型 X 射线衍射仪对复合材料的晶体结构进行分析,加速电压和加速电流分别为 40 kV 和 40 mA。

2.1.4 X 射线光电子能谱(XPS)

X 射线光电子能谱(X - Ray Photoelectron Spectroscopy,XPS)分析是利用 X 射线辐射样品,激发原子或分子的内层电子及价电子变为光电子。分别以光电子的动能和相对强度为横、纵坐标,绘制光电子能谱图,分析能谱图即可获得待测样品的有关信息。XPS 广泛应用于无机化合物、催化剂、半导体等材料的研究,它不仅能够用来检测除 H、He 以外的所有元素,还能够根据光电子能谱图中峰的面积分析原子的相对浓度,同时提供元素组成以及原子价态等方面的有关信息。

一台商用 XPS 系统主要包括 X 射线源、样品台、电子收集电镜、电子能量分析仪等组件,XPS 系统结构示意图如图 2-4 所示。

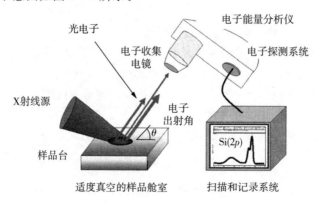

图 2-4 XPS 系统结构示意图

本研究采用 ESCALAB250Xi 型 X 射线光电子能谱仪,主要操作参数:Al Kα X 射线源,高压 14.0 kV,真空度高于 1×10^{-8} Torr。

2.1.5 拉曼光谱(Raman spectra)

拉曼效应起源于分子振动与转动。拉曼光谱(Raman spectra)作为一种散射光谱,对键角、键能以及对称振动较为敏感。而碳纳米材料是由对称的 C—C 共价键构成的,即使其结构发生微小的变化,也可用拉曼光谱检测到。因此,拉曼光谱是表征碳基材料结构较为有效的工具之一。

拉曼光谱分析原理图如图 2-5 所示。假设散射分子一开始处于基态,其振动能级 V＝0。当散射分子受到激光辐射时,基态分子与激光之间产生相互作用,随即电子由基态→第一激发态→激发虚态的路径进行跃迁。虚能级上的电子立即跃迁到下能级而发光,即为散射光。瑞利散射则是指散射分子吸收一个光子后跃迁到一个虚拟存在的虚能级,并立即回到原来所处基态而重新发射光子。散射光与入射光之间的频率差称为拉曼位

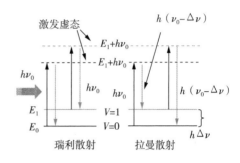

图 2-5　拉曼光谱分析原理图

移,拉曼位移只取决于散射分子的结构,与其他因素无关。

碳材料的拉曼光谱中通常会出现两个较为明显的特征峰,即 D 峰与 G 峰。D 峰则是由碳原子的面内缺陷和无序诱导产生的,G 峰是由所有的 sp^2 杂化碳原子对的拉伸运动造成的。一般采用 D 峰与 G 峰的强度比(I_D/I_G)来衡量碳材料的石墨化程度。I_D/I_G 比值越小,代表碳材料的石墨化程度越高。

本研究采用 LabRAM HR Evolution 型显微共焦激光拉曼光谱仪,配备 532 nm 激光器,光谱范围为 $0 \sim 3000$ cm^{-1}。

2.1.6 傅里叶红外转换光谱(FT－IR)

傅里叶红外转换光谱(Fourier Transform Infrared Spectroscopy,FT－IR)与拉曼光谱都可以测定分子骨架的振动、转动信息,二者相辅相成。对于具有对称关系的分子来说,若产生与对称中心有关的振动,则可利用拉曼光谱进行分析;若产生与对称中心无关的振动,则可利用红外光谱进行分析。

FT－IR 分析仪是基于光相干性原理而设计的干涉型红外光谱仪。该仪器利用数学上的傅里叶变换函数特性,通过电子计算机将光源的干涉图转变为光源的光谱图,亦是将以光程差为函数的干涉图转变为以波长为函数的光谱图。

如图 2-6 所示,红外光源发出的红外辐射经干涉仪转变为干涉光,干涉光透过样品后可获得含有样品结构信息的干涉图。干涉图经电子计算机采集、快速傅里叶变换后即可得到吸收强度随波数变化的红外光谱图。红外光谱图中吸收峰与分子中各基团的振动形式相对应,红外光谱谱图解析见表 2-1 所列。

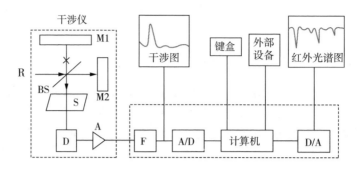

R—红外光源；M1—定镜；M2—动镜；BS—光束分裂器；D—探测器；S—试样；
A—放大器；F—滤光器；A/D—模数转换器；D/A—数模转换器。

图 2-6　红外光谱结构图

表 2-1　红外光谱谱图解析

波数/cm^{-1}	基团分类	备注
2500～3750	A—H 单键伸缩振动区	包括 C—H、O—H、X—H 吸收带，波数在 3000 cm^{-1} 以上为不饱和碳的 C—H 键伸缩振动区，波数在 3000 cm^{-1} 以下为饱和碳的 C—H 键伸缩振动区
2000～2500	三键和累积双键的伸缩振动区	包括 C≡C、C≡N、C=C=O 等基团以及 X—H 基团化合物的伸缩振动
1300～2000	双键伸缩振动区	C=O 在此区域有一较强的吸收峰，其位置随种类（酸酐、酯、醛酮、酰胺等）的改变存在一定差异。波数在 1550～1650 cm^{-1} 还存在 N—H 键的弯曲振动吸收峰
667～1300	C—H 键的弯曲振动	此区域可在鉴别链的长短、烯烃双键取代强度等方面提供有用信息

本研究使用 Nicolet 67 型傅里叶红外光谱仪，采用衰减全反射法进行测量，扫描测定范围为 400～4000 cm^{-1}。

2.1.7　热重分析(TGA)

热重分析（Thermogravimetric Analysis，TGA）是指在特定的气体氛围和程序控温条件下测定样品质量随温度变化的关系，可用于分析材料的热稳定性和组分。热重分析仪的核心部件是热天平。若样品在升温过程中发生物理反应（升华、蒸发、吸附等）或化学反应（分解、脱溶剂等），其质量就会发生变化。在这一过程中，热天平将产生位移量并转化为电磁量，该电磁量经放大器放大送入记录系统后即可得到热重曲线（见图 2-7）。通

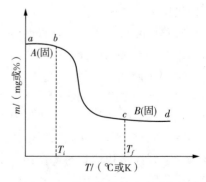

图 2-7　某固体燃料的热重曲线

过分析样品的热重曲线,就可确定样品在哪一温度区间内发生变化,并能通过计算得出其失重量。热重分析的显著特征是定量性强,可准确测出物质的质量变化及其变化速率,已被广泛应用于催化剂、金属、塑料、医药等领域的研究与开发。

影响热重分析的因素大致有仪器因素、实验因素和试样因素。

(1)仪器因素:由热天平内外温度差导致的对流会影响称量的精确度,同时还会造成热重曲线基线的漂移。

(2)实验因素:主要包括升温速率和气氛的控制。升温速率是对热重法影响最大的因素。升温速率越大,产生的热滞后现象越严重,所得 TGA 曲线上的起始温度和终止温度均有所上升。而所通气体的种类则会影响反应种类及分解产物的性质。

(3)试样因素:主要包括样品用量、颗粒大小以及装填方式。样品用量多不利于热扩散和热传递;用量少则会降低反应的灵敏度。颗粒细小则反应速率加快,反应区间变窄;颗粒过大则会导致反应滞后。所以样品装填时要求薄而均匀。

2.1.8　比表面积测定(BET)

物质的比表面积是指 1 g 该物质所占有的总表面积,单位为 m^2/g。其测试依据源于布朗诺尔(Brunauer)、埃米特(Emmett)和泰勒(Teller)提出的多层分子吸附公式,即著名的 BET 方程,其表达式为

$$\frac{P}{V\times(P_0-P)}=\frac{1}{V_m\times C}+\frac{C-1}{V_m\times C}\times\frac{P}{P_0} \tag{2-2}$$

式中,P_0 为吸附温度下 N_2 的饱和蒸气压;P 为吸附温度下 N_2 的分压;V_m 为 N_2 单层饱和吸附量;V 为样品表面 N_2 的实际吸附量;C 为与样品吸附能力有关的常数。

BET 测试方法建立在多层吸附的理论基础之上,更加接近物质的实际吸附过程,测试结果更加准确。BET 测试方法可用于测试颗粒样品的比表面积、孔容、孔径分布以及氮气吸脱附曲线。

本研究采用 Autosorb-IQ3 型气体吸附仪对复合材料的比表面积、孔径分布以及孔形进行分析,该仪器的最小孔体积检测量为 0.0001 cc/g,微孔分辨率为 0.02 nm。

2.1.9　电子自旋共振(ESR)

电子自旋共振(Electron Spin Eesonance,ESR)也称为电子顺磁共振(Electron Paramagnetic Resonance,EPR),是由不配对电子的磁矩发源的磁共振技术。其基本原理为带有一定质量和负电荷的电子在外加磁场中做自旋运动时,能级将产生分裂。若在垂直外加磁场的方向上加上合适频率的电磁波,处于低自旋能级的电子将吸收能量跃迁到高能级,从而产生电子顺磁共振吸收现象。

电子顺磁共振波谱仪主要由磁场控制器、谐振腔、微波桥、电磁体等构成,目前主要用于定性和定量检测物质原子和分子中所含的不配对电子,ESR 波谱仪结构示意图如图 2-8 所示。

本研究反应过程中生成的活性物质通过 JES-FA200 型电子顺磁共振波谱仪进行分析,其分辨率为 2.35 mT,微波功率为 0.1~200 MW。

本节仅列举了部分材料的表征方法,还有许多其他现代分析技术可用于表征复合材料的结构和性能,在此不进行详细介绍。

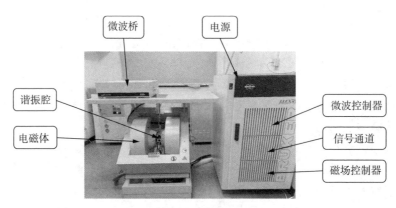

图 2-8　ESR 波谱仪结构示意图

2.2　研究原理和方法

2.2.1　有机污染物溶液紫外-可见光谱图

　　物质的最大吸收波长是指物质吸光度最大时所对应的入射光的波长,在该波长下光的能量恰好可以被物质的电子吸收,从而从基态跃迁到激发态。本书采用紫外-可见分光光度计测定有机污染物溶液的最大吸收波长。图 2-9 为浓度为 10 mg/L 的金橙Ⅱ的紫外-可见(UV-Vis)光谱图,由图可知金橙Ⅱ的最大吸收波长为 484 nm。采用同样的方法测得罗丹明 B 和苯酚的最大吸收波长分别为 553 nm 和 270 nm。测试分析过程中分别在最大吸收波长下测定特定有机污染物溶液的浓度。

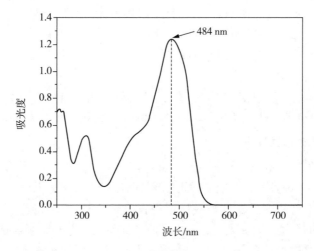

图 2-9　浓度为 10 mg/L 的金橙Ⅱ的紫外-可见(UV-Vis)光谱图

2.2.2　有机污染物溶液浓度-吸光度的工作曲线

　　以金橙Ⅱ为例,其溶液浓度-吸光度的工作曲线测定步骤如下:配制 500 mg/L 的金橙Ⅱ标准溶液,分别在 6 支体积为 50 mL 的容量瓶中加入 2 mL、4 mL、6 mL、8 mL、10 mL 和 12 mL的标准溶液,分别向容量瓶中加入去离子水稀释至刻度线并摇匀定容。在金橙Ⅱ的最大吸收波长 484 nm 处以去离子水作为参比溶液测定其吸光度,利用测定的数据绘制金橙

Ⅱ浓度-吸光度的工作曲线。对应标准曲线方程,即可测定未知样液的浓度。其他种类有机污染物溶液的浓度-吸光度工作曲线按照同样的方法测定。

已知有机污染物溶液在反应开始前和反应 t 时刻的吸光度情况下,根据标准曲线方程计算得到相应的浓度值,并按式(2-3)计算有机污染物的去除率 η 为

$$\eta = \frac{C_0 - C_t}{C_0} \times 100\% \qquad (2-3)$$

式中,C_0 为有机污染物溶液的初始浓度;C_t 为反应到 t 时刻时有机污染物的浓度。

2.2.3　催化性能测试

催化性能测试实验一般在恒温水浴锅中进行。具体操作步骤如下:配制一定体积和浓度的有机污染物溶液置于磁力搅拌下的恒温水浴锅中,确保催化反应开始前水浴锅和反应液的温度均已达到设定值。反应开始前测定溶液的初始浓度记为 C_0,然后将催化剂和氧化剂投加到反应液中引发催化降解反应。反应过程中采取间歇取样法,移取一定量的反应液,经 $0.22~\mu m$ 滤膜过滤后用紫外-可见分光光度计在特征波长处测定其浓度,记为 C_t。

光催化性能测试实验在光催化反应器(250 mL 的双层 Pyrex 玻璃瓶,两层之间的部分接通循环水)中进行,需配置可见光光源(500 W 氙灯,λ 大于 420 nm)。

苯酚溶液的浓度采用装有紫外光检测器的高效液相色谱仪检测,最大吸收波长为 270 nm,色谱柱为 C-18 柱,流动相为体积比为 3∶7 的乙腈和水的混合溶液。

研究过程中还考察了不同反应条件对复合材料性能的影响,如反应温度、氧化剂种类、氧化剂投加量、有机污染物种类、溶液初始 pH 等(见图 2-10),以实现复合材料性能的最优化。其中,反应液的 pH 通过 H_2SO_4 和 NaOH 进行调节,催化降解过程中产生的活性物质通过电子自旋共振波谱仪进行测定,采用 5,5-二甲基-1-吡咯啉-N-氧化物(DMPO)为捕获剂。最后将反应后的复合材料进行收集、清洗、烘干,并在相同的条件下考察其催化稳定性。

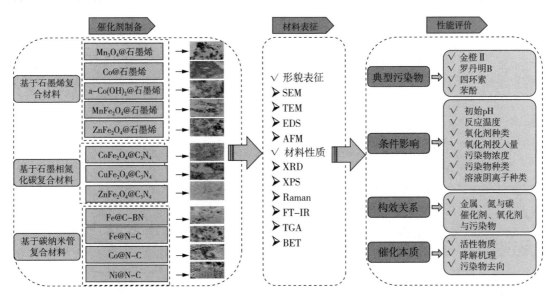

图 2-10　反应因素的考察

第 3 章　基于 rGO 复合材料的制备及其催化氧化性能研究

3.1　引　　言

　　石墨烯自发现以来因其优异的性能和广阔的应用前景得到了材料科学研究者的广泛关注,随着研究深度与广度的不断拓展,石墨烯成为碳纳米材料领域的研究热点。结构决定性质,石墨烯的特殊结构使其具有极大的比表面积、较高的载流子迁移率、较高的机械强度、优异的导热导电性能,因此石墨烯在催化领域展现出了巨大的潜力,可为多种催化剂提供理想的固载平台。石墨烯特殊的电子结构可以调控催化剂的电子密度,与活性中心发生协同作用,从而有效地提高催化剂的催化活性。此外,石墨烯作为载体,能有效阻止催化剂活性组分在反应中的团聚。但在实际应用中,单独的石墨烯材料往往存在一些缺陷,如该材料的表面缺少一些特定的官能团,使之在水体污染物治理方面的应用受到限制。因此,为了充分发挥石墨烯的优势与特点,通常采用 Hummers 法,将石墨氧化为氧化石墨,再通过剥离作用转化为氧化石墨烯(GO),最后通过化学还原法得到还原氧化石墨烯(rGO)。本章采用原位合成技术制备了 Mn_3O_4@rGO 复合材料、Co@rGO 复合材料、α-Co(OH)$_2$@rGO 复合材料、$MnFe_2O_4$@rGO 复合材料、$ZnFe_2O_4$@rGO 复合材料。这些复合材料中的金属纳米颗粒与 rGO 具有协同作用,可以提高其对水体污染的催化氧化性能。

　　本章主要介绍了基于石墨烯复合材料的制备、表征、性能评价以及催化反应机理研究。

3.2　Mn_3O_4@rGO 复合材料的制备及其催化氧化性能研究

3.2.1　Mn_3O_4@rGO 复合材料的制备

1. 氧化石墨的制备

采用改进的 Hummers 法制备氧化石墨,具体步骤如下。

　　(1)低温反应:准确量取 230 mL 质量分数为 98% 的浓硫酸放于 2 L 的烧杯中,再准确称取 5 g 天然石墨、5 g 硝酸钠(NaNO$_3$),并依次加入上述浓硫酸中,搅拌 30 min 使其充分混合,在保持反应体系温度不超过 10 ℃ 的条件下缓慢加入 3 g 高锰酸钾,冰浴 2.5 h。

　　(2)中温反应:将上述混合溶液置于 35 ℃ 的恒温水浴中,持续搅拌 2 h,即完成中温反应。

　　(3)高温反应:用注射器缓慢加入 140 mL 去离子水,升温至 98 ℃,保温 45 min,混合物由棕褐色变成亮黄色后用去离子水将反应液稀释至 1000 mL,然后缓慢加入 60 mL 质量分数为 30% 的 H_2O_2 溶液,搅拌反应数小时。

　　(4)反应结束后,将溶液冷却至室温,将所得的亮黄色产物用质量分数为 10% 的稀盐酸进行离心洗涤,然后分别用蒸馏水、无水乙醇(EtOH)洗涤数次,至溶液中无氯离子。最后将产物烘干研磨成粉末,即为氧化石墨粉末。

2. Mn₃O₄@rGO 复合材料的制备

Mn₃O₄@rGO 复合材料的制备:称取 0.6 g 氧化石墨粉末分散于 250 mL 水中,超声处理 2 h,获得分散均匀的氧化石墨悬浮液。同时称取 1.928 g 四水合乙酸锰[Mn(C₂H₃O₂)₂·4H₂O],并溶解在 20 mL 的蒸馏水中。接着,将上述四水合乙酸锰水溶液加到氧化石墨悬浮液中,磁力搅拌 1 h。然后,逐滴加入质量分数为 50% 的 NaOH 水溶液于上述混合物中,溶液的 pH 大于 10 时停止加入 NaOH 水溶液,搅拌 4 h。随后,逐滴加入 10 mL 水合肼(H₆N₂O)于上述溶液中,在持续搅拌下将溶液温度升高至 80 ℃。加热 5 h 后,将溶液自然冷却至室温。

对合成的固体产品进行离心分离,并用蒸馏水将其清洗干净,再用无水乙醇除去杂质,然后在 60 ℃ 的真空条件下干燥 24 h,经研磨得粉末状产物 Mn₃O₄@rGO 复合材料。以相同的制备方法,在不加氧化石墨的条件下,制备纯 Mn₃O₄ 纳米颗粒。Mn₃O₄@rGO 复合材料的合成路线图如图 3-1 所示。

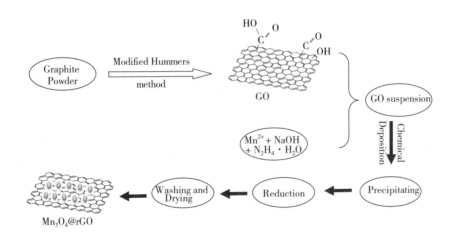

图 3-1 Mn₃O₄@rGO 复合材料的合成路线图

3.2.2 Mn₃O₄@rGO 复合材料的表征

反应前后的 Mn₃O₄@rGO 复合材料以及所制备的纯 Mn₃O₄ 纳米颗粒的 XRD 图如图 3-2所示。

根据图 3-2 中峰的位置和相对强度可知,所制备的 Mn₃O₄@rGO 复合材料和纯 Mn₃O₄ 纳米颗粒与黑锰矿(Mn₃O₄,空间群:$I41/amd$)相吻合,其晶格常数为 $a=b=5.763$ Å,$c=9.456$ Å(JCPDS,89-4837)。相比于纯 Mn₃O₄ 纳米颗粒,Mn₃O₄@rGO 复合材料在 2θ 为 24.5°~27.5° 内出现一个较宽的弱衍射峰,这可能归因于石墨烯片层的无序堆积。此外,所有样品的 XRD 图谱中均没有观察到杂质峰,这说明所制备的样品是高度纯净的。以上结果表明所制备的 Mn₃O₄@rGO 复合材料是由无序堆积的石墨烯片层与 Mn₃O₄ 纳米颗粒组成。Mn₃O₄ 纳米颗粒的粒径可以由 Debye-Scherrer[见式(3-1)]计算得到:

$$D = \frac{K\gamma}{B\cos\theta} \qquad (3-1)$$

式中，K 为 Scherrer 常数；D 为晶粒垂直于晶面方向的平均厚度；B 为实测样品衍射峰半高宽度；θ 为衍射角；γ 为 X 射线波长，为 0.154056 nm。

通过计算可知，纯 Mn_3O_4 纳米颗粒的平均晶体尺寸为 40.4 nm，$Mn_3O_4@rGO$ 复合材料中的 Mn_3O_4 纳米颗粒的尺寸为 29.2 nm。

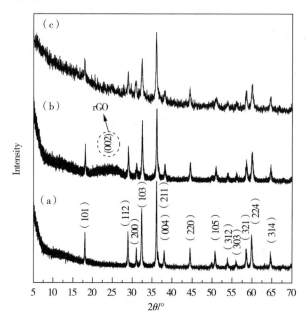

图 3-2　XRD 图

注：(a) 为所制备的纯 Mn_3O_4 纳米颗粒；(b) 为反应前的 $Mn_3O_4@rGO$ 复合材料；(c) 为反应后的 $Mn_3O_4@rGO$ 复合材料。

纯 Mn_3O_4 纳米颗粒和 $Mn_3O_4@rGO$ 复合材料的 SEM、TEM 照片及 EDS 图如图 3-3 所示。由图 3-3(a) 可以看出，纯 Mn_3O_4 纳米颗粒呈球形，但纳米颗粒聚集在一起，产生的颗粒较大，粒径大小为 40～100 nm。相比较而言，$Mn_3O_4@rGO$ 复合材料中的 Mn_3O_4 纳米颗粒的大小约为 30 nm[见图 3-3(c)]，这与 XRD 图的平均粒径（29.2 nm）是一致的。这表明，纯 Mn_3O_4 纳米颗粒和层状石墨烯片层之间的相互作用在一定程度上限制了 Mn_3O_4 纳米颗粒的聚集。纯 Mn_3O_4 纳米颗粒被固定在导电性能优异的石墨烯片层上，使所制备的 $Mn_3O_4@rGO$ 复合材料具有更高效的离子和电子传递能力。从 TEM 照片[见图 3-3(d) 和图 3-3(e)]可以看出，Mn_3O_4 纳米颗粒以单颗粒或者小颗粒群的形式均匀分布在石墨烯片层的表面。从 TEM 表征分析结果可以确认在 Mn_3O_4 纳米颗粒和石墨烯片层之间存在一个较强的相互作用，这种较强的相互作用保证了电子能够快速地从石墨烯层传递到 Mn_3O_4 纳米颗粒表面，从而保证了 $Mn_3O_4@rGO$ 复合材料具有高效的化学性能。TEM 和 SEM 照片均表明复合材料中有较薄的石墨烯层形成。同时，EDS 图进一步确认了 $Mn_3O_4@rGO$ 复合材料的形成，在石墨烯片层上检测到了 Mn、O、C、Si 和 Cu 等元素的存在，其中 Cu 和 Si 的峰是由 TEM 网格产生的[见图 3-3(f)]。

（a）纯Mn₃O₄的SEM照片

（b）Mn₃O₄@rGO复合材料不同放大倍数的SEM照片（一）

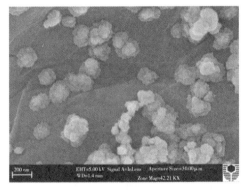

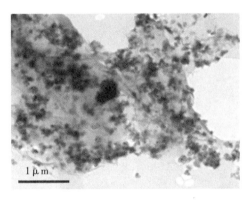

（c）Mn₃O₄@rGO复合材料不同放大倍数的SEM照片（二）　（d）Mn₃O₄@rGO复合材料的TEM照片（一）

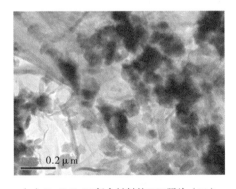

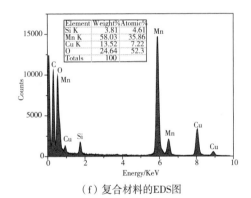

（e）Mn₃O₄@rGO复合材料的TEM照片（二）

（f）复合材料的EDS图

图 3-3　纯 Mn₃O₄ 纳米颗粒和 Mn₃O₄@rGO 复合材料的 SEM、TEM 照片及 EDS 图

拉曼光谱分析是表征氧化石墨及其复合物等碳材料的有效手段之一，它可以在无损的情况下区分有序和无序的晶体结构。拉曼光谱中的 D 峰是由材料平面内的伸缩振动产生的；G 峰则是由无序诱发的空间振动产生的（碳的缺失、无定型碳等）。对于碳材料，可以用 D 峰和 G 峰的强度比值（I_D/I_G）反映材料无序度的高低。图 3-4 是 rGO 和 Mn₃O₄@rGO 复合材料的拉曼光谱图。从 rGO 和 Mn₃O₄@rGO 复合材料的拉曼光谱图中都能观察到对

应于 sp^2 杂化碳的 G 带（波数约为 1595 cm^{-1}）和对应于无定形碳的 D 带（波数约为 1352 cm^{-1}）。rGO 的 I_D/I_G 为 1.55，与 Mn_3O_4@rGO 复合材料的 I_D/I_G(1.51)较为接近，表明剥离的氧化石墨已被还原。另外，Mn_3O_4@rGO 复合材料的拉曼光谱在波数为 659 cm^{-1} 处出现一个微弱的峰，这可能归因于 Mn_3O_4 的对称拉伸振动。以上结果均表明所制备的复合材料中有石墨烯和 Mn_3O_4 存在。

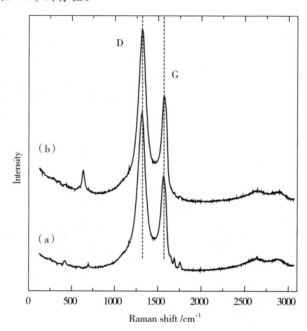

图 3-4　纯 rGO 和 Mn_3O_4@rGO 复合材料的拉曼光谱图

注：(a)为 rGO；(b)为 Mn_3O_4@rGO 复合材料。

　　Mn_3O_4@rGO 复合材料的化学键状态采用 XPS 进行分析（见图 3-5）。在 XPS 检测范围(0～1000 eV)内，检测到 C、Mn 和 O 的存在。如图 3-5(b)所示，观察到在 Mn $2p_{1/2}$ 和 Mn $2p_{3/2}$ 之间出现一个 11.9 eV 的能量间隔，这与 Mn_3O_4 的光谱图相一致。位于 284.6 eV 处的 C 1s 峰与石墨烯中的石墨碳有关[见图 3-5(c)]。Mn_3O_4@rGO 复合材料的 O 1s XPS 图[见图 3-5(d)]在 530.0 eV、531.4 eV 和 530.0 eV 处出现三个不同的峰，这分别对应于 Mn—O—C 键、Mn—O—Mn 键和 Mn—O—H 键。这些表征结果与 XRD 和拉曼光谱表征结果相吻合。氧化石墨的还原和共轭芳香体系的形成保证了复合材料拥有较好的电子导电性，这也使石墨烯成为较好的电子传输通道。

　　采用 TG-DTA 表征分析了 rGO 和 Mn_3O_4@rGO 复合材料的热稳定性，结果如图 3-6所示。在 rGO 的 TGA 曲线上可以观察到两个较为明显的重量损失[见图 3-6(a)]。120 ℃以下出现的重量损失可以归因于分子间物理吸附的水分蒸发。120～460 ℃出现的重量损失可以归因于石墨烯表面上残余氧化基团的损失。在 594 ℃出现了一个较强的放热峰，这可能归因于石墨烯碳骨架的燃烧。然而，对于 Mn_3O_4@rGO 复合材料，石墨烯碳骨架的燃烧温度迁移到了一个较低的温度[422 ℃，见图 3-6(b)]，这可能归因于 Mn_3O_4 的氧化作用。

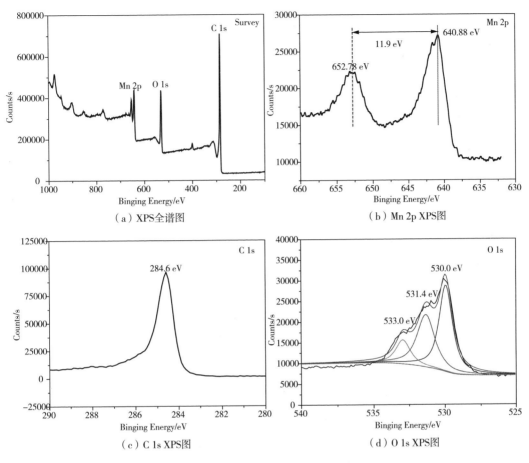

图 3-5 Mn₃O₄@rGO 的 XPS 图

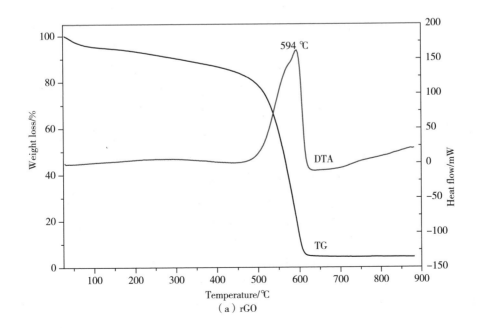

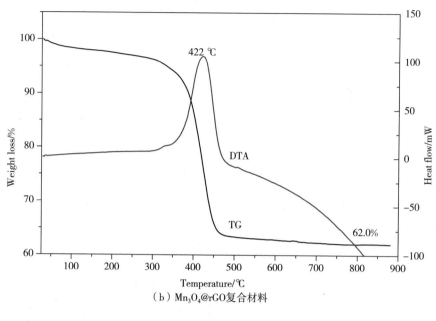

（b）Mn₃O₄@rGO复合材料

图 3-6 TG-DTA 曲线

3.2.3 Mn₃O₄@rGO **复合材料的催化性能评价**

本节选用金橙Ⅱ模拟有机染料进行催化性能的评价，金橙Ⅱ是工业应用中具有代表性的有机染料之一。Mn_3O_4、rGO 和 $Mn_3O_4@rGO$ 复合材料吸附和催化降解金橙Ⅱ水溶液的实验图如图 3-7 所示。Mn_3O_4、rGO 和 $Mn_3O_4@rGO$ 复合材料非均相催化降解金橙Ⅱ的速率相比较，它们的吸附作用几乎可以忽略不计。而且，在 PMS 存在的条件下，$Mn_3O_4@rGO$复合材料具有最高的催化活性：在相同实验条件下，$Mn_3O_4@rGO$ 复合材料能在 2 h 内将金橙Ⅱ完全降解，金橙Ⅱ溶液的颜色也逐渐从橙黄色变成无色，这表明 $Mn_3O_4@rGO$复合材料破坏了染料的发色基团。与 $Mn_3O_4@rGO$ 复合材料相比较而言，纯 Mn_3O_4 和 rGO 的催化活性就要低得多。由图 3-7(a)可知，Mn_3O_4/PMS 体系对金橙Ⅱ的降解率为 81.5%，然而相同时间内石墨烯/PMS 体系对金橙Ⅱ的降解率只能达到 55%。前人研究发现，在氧化石墨烯的结构边缘有富含电子的含氧基团[如羰基(C═O)]存在，这就使得石墨烯具有进行氧化还原过程的能力。因此，Mn_3O_4 和 rGO 的结合导致其催化活性具有协同效应，提高了两者之间的质量转移和化学反应速率，这与 $Co_3O_4@rGO$、$MnFe_2O_4@rGO$ 和 $CoFe_2O_4@rGO$ 体系的作用相似。

图 3-7(b)是 $Mn_3O_4@rGO$/PMS 体系催化降解金橙Ⅱ的 UV-Vis 光谱图。从UV-Vis光谱图中可以观察到，金橙Ⅱ的主吸收带位于 484 nm 处，对应于 n—p* 跃迁的偶氮形式；另一个吸收带位于310 nm处，是归因于 p—p* 跃迁的萘环。随着时间的推移，这两个吸收带同时减弱，表明降解过程完全破坏了金橙Ⅱ中的偶氮和萘环结构。另外，位于484 nm的主吸收峰也逐渐减弱，表明金橙Ⅱ溶液的快速降解是由于染料分子结构的分解引起的。

为进一步探究影响 $Mn_3O_4@rGO$/PMS 体系降解金橙Ⅱ效率的因素，本次研究考察了

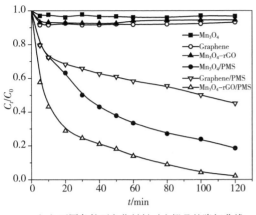 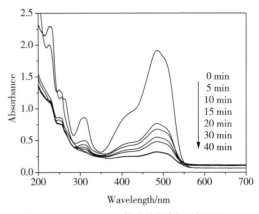

（a）不同条件下杂化材料对金橙Ⅱ的降解曲线　　　（b）Mn₃O₄@rGO/PMS体系催化降解金橙Ⅱ的UV–Vis光谱图

图 3－7　Mn₃O₄、rGO 和 Mn₃O₄@rGO 复合材料吸附和催化降解金橙Ⅱ水溶液的实验图

不同实验参数的影响，包括溶液初始 pH、反应温度、PMS 的浓度和金橙Ⅱ溶液初始浓度等。

　　众所周知，溶液的 pH 能显著影响有机污染物的降解速率。图 3－8 显示了溶液不同初始 pH(4.0~11.0)对 Mn₃O₄@rGO/PMS 体系降解金橙Ⅱ的影响。在溶液初始 pH 为 4.0 时，120 min反应时间内金橙Ⅱ的降解率约为 64%。随着溶液 pH 的升高，该体系降解金橙Ⅱ的速率也随之升高。Zhu 等报道，当 pH 升高时，在钴的表面负载 TiO₂ 得到的纳米颗粒更容易生成 Co—OH 配合物，这是非均相活化 PMS 的关键步骤。同样的过程在 Mn₃O₄@rGO 表面也可能发生，当 pH 从 4.0 升高到 11.0 时，生成了大量能活化 PMS 的 Mn—OH 配合物。因此，在基于 SO₄⁻·的反应体系中，pH 是控制有机污染物降解反应速率的有效方法之一。值得注意的是，该体系反应后溶液的 pH 会下降，这是由于反应过程中有酸性中间产物和碳酸盐生成。

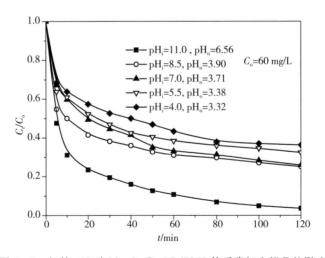

图 3－8　初始 pH 对 Mn₃O₄@rGO/PMS 体系降解金橙Ⅱ的影响

　　图 3－9 显示了 PMS 浓度和金橙Ⅱ溶液初始浓度对 Mn₃O₄@rGO/PMS 体系降解速率的影响。很明显，随着 PMS 剂量的增加，金橙Ⅱ的降解速率随之升高。类 Fenton 反应过程

中,PMS 能与 Mn^{2+} 反应生成 $SO_4^- \cdot$,PMS 还能与 Mn^{3+} 离子反应重新生成 Mn^{2+}。PMS 剂量的增加能使 $Mn_3O_4@rGO$ 更好地活化 PMS 生成 $SO_4^- \cdot$,从而提高金橙 II 的降解率。

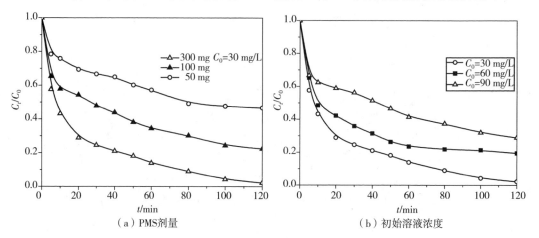

（a）PMS剂量　　　　　　　　　　（b）初始溶液浓度

图 3-9　反应条件对 $Mn_3O_4@rGO/PMS$ 体系降解金橙 II 的影响

然而,金橙 II 溶液初始浓度的增加会导致金橙 II 降解率的下降。当溶液浓度为 30 mg/L 时,金橙 II 能在 120 min 内几乎降解完全。但当溶液初始浓度为 90 mg/L 时,相同时间内只能降解约 61% 的金橙 II。$Mn_3O_4@rGO$ 和 PMS 浓度一定时,浓度高的金橙 II 溶液需要更多的反应时间才能降解完全,所以反应体系的降解效率会相应降低。

此外,通过考察不同反应温度（25 ℃、35 ℃、45 ℃ 和 55 ℃）的影响来研究金橙 II 的降解反应动力学,结果如图 3-10 所示。经研究发现,金橙 II 的降解反应能很好地符合准一级动力学方程。不同反应温度下,金橙 II 降解过程的速率常数 k_{obs} 分别是（3.83×10^{-4}）$L \cdot mg^{-1} \cdot min^{-1}$（$R^2 = 0.936$,25 ℃）、（$7.93 \times 10^{-4}$）$L \cdot mg^{-1} \cdot min^{-1}$（$R^2 = 0.978$,35 ℃）、（$1.22 \times 10^{-3}$）$L \cdot mg^{-1} \cdot min^{-1}$（$R^2 = 0.991$,45 ℃）和（$2.52 \times 10^{-3}$）$L \cdot mg^{-1} \cdot min^{-1}$（$R^2 = 0.953$,55 ℃）,这表明随着反应温度的升高,金橙 II 的降解效率也随之升高,$Mn_3O_4@rGO/PMS$ 体系降解金橙 II 的动力学速率常数和活化能见表 3-1 所列。

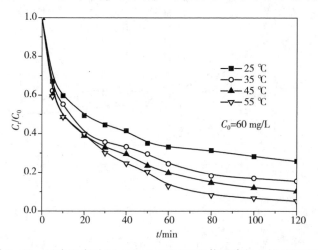

图 3-10　反应温度对 $Mn_3O_4@rGO/PMS$ 体系降解金橙 II 的影响

表 3-1　Mn_3O_4@rGO/PMS 体系降解金橙 II 的动力学速率常数和活化能

$T/^\circ C$	$k_{obs} \times 10^3/(\text{L} \cdot \text{mg}^{-1} \cdot \text{min}^{-1})$	R^2 of k_{obs}	$\Delta E/(\text{kJ/mol})$	R^2 of ΔE
25	0.383	0.936	49.5	0.99
35	0.793	0.978	—	—
45	1.22	0.991	—	—
55	2.52	0.953	—	—

表观速率常数 k_{obs} 与温度 T 的关系可由阿伦尼乌斯方程[见式(3-2)]表述。

$$\ln k_{obs} = \ln A - \frac{E_a}{RT} \tag{3-2}$$

式中，A 为指前因子；R 为理想气体常数；E_a 为活化能。根据阿伦尼乌斯方程，通过拟合得到 $\ln k_{obs}$ 与 $1/T$ 的曲线(见图 3-11)。由图 3-11 可知，反应中 Mn_3O_4@rGO 表面的活化能为 49.5 kJ/mol。这个值比扩散控制反应的活化能(一般在 10～13 kJ/mol)还要高，这表明该过程的表面反应速率是由氧化物表面的本征化学反应速率控制而不是由质量转移速率控制。

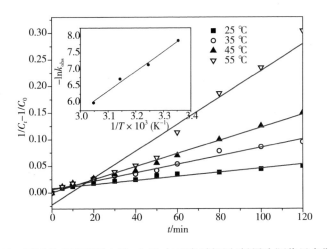

图 3-11　不同反应温度下 $1/C_t - 1/C_0$ 与反应时间图(插图为阿伦尼乌斯曲线)

根据相关研究报道可知，不同非均相催化剂的反应活化能为 15.8～75.5 kJ/mol。例如，$CoFe_2O_4$@rGO 的活化能为 15.8 kJ/mol，Co_3O_4@rGO 的活化能为 26.5 kJ/mol，Co_3O_4/SiO_2 的活化能为 61.7～75.5 kJ/mol，Co/ZSM-5 的活化能为 69.7 kJ/mol，Co/AC 的活化能为 59.7 kJ/mol。由于实验条件不一样，很难比较不同非均相催化剂的催化活性，但是以上所有的实验结果都表明 Mn_3O_4@rGO 复合材料在高级氧化领域是一种有应用前景的催化材料。

众所周知，催化剂的稳定性是评价催化剂性能的一种重要标准。本次研究还考察了 Mn_3O_4@rGO 复合材料的循环使用寿命。具体实验过程如下：将 Mn_3O_4@rGO 复合材料加入 30 mg/L 金橙 II 与 1.5 g/L PMS 的混合溶液中，反应结束后，采用离心分离的方法，将复

合材料进行分离、干燥处理。将处理后的复
合材料加入 30 mg/L 金橙Ⅱ与 1.5 g/L PMS
的混合溶液中进行第二次降解实验。如此将
降解实验循环 4 次,Mn$_3$O$_4$@rGO 复合材料
催化降解金橙Ⅱ的循环利用情况如图 3 - 12
所示。

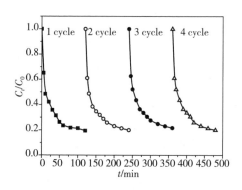

由图 3 - 12 可知,Mn$_3$O$_4$@rGO 复合材料
在循环 4 次后对金橙Ⅱ依然有 90% 以上的降解
率,催化活性变化不大,说明 Mn$_3$O$_4$@rGO 复
合材料具有稳定的催化性能,能够重复使用。
XRD 表征结果也表明在反应前后催化剂的结
构基本不变(见图 3 - 2)。因此,Mn$_3$O$_4$@rGO

图 3 - 12   Mn$_3$O$_4$@rGO 复合材料
催化降解金橙Ⅱ的循环利用情况

催化剂具有很好的稳定性,在被重复利用于催化降解有机污染物后仍然保持较高的催化活
性,这可能归因于 Mn$_3$O$_4$@rGO 复合材料拥有稳定的结构。

3.2.4 Mn$_3$O$_4$@rGO 复合材料催化反应机理研究

根据前人的研究,在金橙Ⅱ降解过程中,SO$_4^-$·起到了很重要的作用。Mn$_3$O$_4$ 由
MnO·Mn$_2$O$_3$ 组成,在复合材料表面≡Mn^{2+}能替代 Mn^{2+}与 PMS 反应生成表面结合态的
SO$_4^-$·[见式(3 - 3)]。而≡Mn^{3+}与 PMS 反应将生成更多的≡Mn^{2+}[见式(3 - 4)]。在
PMS 存在的条件下,锰能参与氧化还原反应,并生成 SO$_5^-$·,这与类 Fenton 反应中铁的性
质非常相似。最后,SO$_4^-$·破坏金橙Ⅱ的内部结构,并将其完全降解[见式(3 - 5)]。这个体
系最大的优点就是从 Mn^{3+}到 Mn^{2+}的逆向电子转移从热力学角度来看是可行的。复合材
料的再生性使得反应能循环往复地进行下去,直到 PMS 完全反应。金橙Ⅱ降解反应的机理
反应式如下所示:

$$\equiv Mn^{2+} + HSO_5^- \longrightarrow \equiv Mn^{3+} + SO_4^- \cdot + OH^- \tag{3-3}$$

$$\equiv Mn^{3+} + HSO_5^- \longrightarrow \equiv Mn^{2+} + SO_5^- \cdot + H^+ \tag{3-4}$$

$$SO_4^- \cdot + Orange\ \mathrm{II} \longrightarrow CO_2 + H_2O \tag{3-5}$$

Mn$_3$O$_4$@rGO/PMS 体系降解金橙Ⅱ的反应机理图如图 3 - 13 所示。

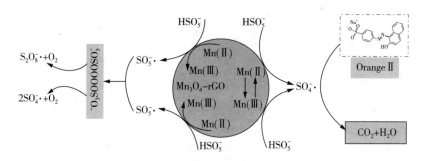

图 3 - 13   Mn$_3$O$_4$@rGO/PMS 体系降解金橙Ⅱ的反应机理图

3.2.5 小结

本节采用简单的原位合成技术制备了 $Mn_3O_4@rGO$ 复合材料,采用 FESEM、TEM、EDS、XRD、FTIR 和 TGA 等表征手段对其表面形态进行了一系列的表征,并将其用于有机染料金橙Ⅱ溶液的降解。TEM 表征结果显示 rGO 片层已完全剥离,$Mn_3O_4@rGO$ 复合材料中的 Mn_3O_4 纳米颗粒的平均粒径为 29.2 nm,并成功地负载在 rGO 表面。$Mn_3O_4@rGO$ 复合材料的催化性能测试结果表明 $Mn_3O_4@rGO$ 复合材料比纯的 Mn_3O_4 拥有更好的催化活性,这是由于纳米颗粒中 Mn_3O_4 与石墨烯的协同作用。$Mn_3O_4@rGO/PMS$ 体系对金橙Ⅱ的降解遵循准一级动力学方程,其活化能为 49.5 kJ/mol。通过实验发现,金橙Ⅱ降解的速率常数随着温度的升高和氧化剂 PMS 浓度的增加而增大,但是随着金橙Ⅱ溶液初始浓度的增加而减小。同时,循环实验结果表明 $Mn_3O_4@rGO$ 复合材料展示出了较强的稳定性。总之,$Mn_3O_4@rGO$ 复合材料具有较强的催化活化 PMS 的能力,可广泛用于环境污染物的降解处理,相信其在环境应用领域将是一种应用前景很广的催化材料。

3.3 Co@rGO 复合材料的制备及其催化氧化性能研究

3.3.1 Co@rGO 复合材料的制备

Co@rGO 复合材料的制备:首先,准确称取 0.5 g 氧化石墨(GO)分散于水溶液中,超声处理 2 h,获得分散均匀的氧化石墨悬浮液。同时称取 0.4932 g 六水合硝酸钴[$Co(NO)_3 \cdot 6H_2O$]溶解在 20 mL 的蒸馏水中。将上述六水合硝酸钴水溶液加入氧化石墨悬浮液中,磁力搅拌 1 h。然后,逐滴加入质量分数为 28% 的氨水溶液于上述混合物中,溶液的 pH 大于 10 时停止加入氨水溶液,搅拌 4 h。随后,逐滴加入 10 mL 水合肼于上述混合溶液中,在持续搅拌下将溶液温度升高至 80 ℃,得到黑色溶液。保持温度为 80 ℃,持续搅拌 5 h 后,将溶液自然冷却至室温,离心分离得到所合成的沉淀物,分别用蒸馏水和无水乙醇清洗数次,然后在 60 ℃ 的真空状态下干燥 24 h。最后,在 Ar/H_2 混合气氛(Ar 和 H_2 的体积比为 4∶1)下,将所得到的黑色固体在 500 ℃ 下煅烧 2 h,即成功制备 Co@rGO 复合材料,Co@rGO 复合材料的合成路线图如图 3-14 所示。作为对比,在不加六水合硝酸钴的条件下,以相同的制备方法制备得到纯的石墨烯。所有产品均保存在干燥容器中以备进一步的实验。

3.3.2 Co@rGO 复合材料的表征

众所周知,多相催化剂的催化活性与其形状、尺寸和表征尺寸分布等密切相关。图 3-15 给出了所制备的氧化石墨和 Co@rGO 复合材料的表征图。由图 3-15(a)可以看出,所制备的氧化石墨在 $2\theta = 10.3°$ 处出现一个较尖锐的峰,这对应于氧化石墨(001)面,表明其拥有有序的层状结构。但是,在 Co@rGO 复合材料的 XRD 图中没有发现氧化石墨的特征峰,这说明氧化石墨已完全剥离。同时,在 2θ 为 44.35° 和 51.64° 处出现的两个衍射峰可以分别归因于面心立方金属钴(JCPDS,15-0806)的(111)和(200)面,且可以表明钴的前驱体应经被 H_2 完全还原成单质钴。Co 纳米颗粒的晶体尺寸可由 Co(111)面的衍射峰估算。

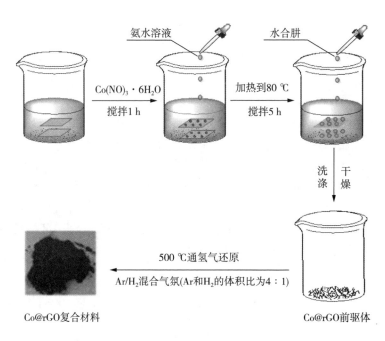

图 3-14　Co@rGO 复合材料的合成路线图

由式(3-1)计算得出 Co 纳米颗粒的平均粒径为 29.9 nm。Co@rGO 和氧化石墨的 FTIR 图表明氧化石墨的官能团在合成反应过程中完全脱除。

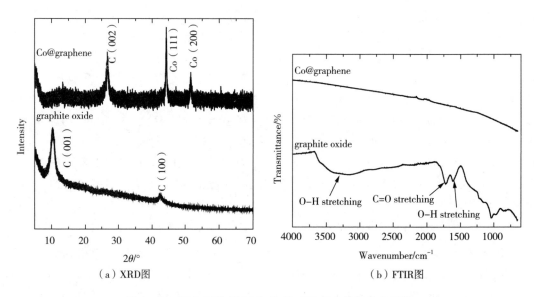

（a）XRD图　　　　　　　　　　　　（b）FTIR图

图 3-15　氧化石墨(GO)和 Co@rGO 复合材料的表征图

　　石墨烯和 Co@rGO 复合材料的拉曼光谱图如图 3-16 所示。两个样品中都出现了代表 sp^2 杂化碳(波数约为 1595 cm^{-1})的 G 带和代表无序碳(波数约为 1352 cm^{-1})的 D 带。D 带与 G 带的谱带强度比(I_D/I_G)表明了石墨层的无序度和晶体尺寸。石墨烯的 I_D/I_G

(1.53)与 Co@rGO 的 I_D/I_G(1.63)较为接近,这表明合成反应存在剥离的氧化石墨的还原过程。以上结果均表明在所制备的复合材料中有石墨烯存在。

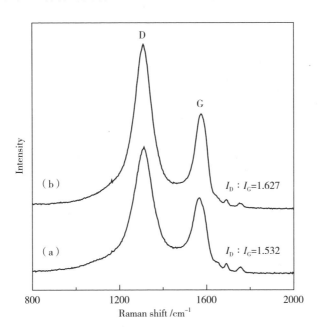

图 3-16　石墨烯和 Co@rGO 复合材料的拉曼光谱图

注:(a)为石墨烯;(b)为 Co@rGO 复合材料。

采用 XPS 表征所制备样品的表面化学成分及价态。图 3-17(a)为石墨烯和 Co@rGO 复合材料的 XPS 全谱图,在 284.6 eV 处的主峰是由石墨的 sp^2 碳元素引起的。与石墨烯相比,Co@rGO 复合材料的 XPS 图中不仅有 O 1s 和 C 1s 的峰,而且存在对应于 Co $2p_{1/2}$(795.5 eV)和 Co $2p_{3/2}$(779.5 eV)的峰,这证明了在所制备的复合材料中有钴元素存在[见图 3-17(b)和(c)]。与氧化石墨相比,被 H_2 还原后的石墨烯出现较为显著的与含氧官能团相关联的 C 1s 组分的还原差异,这表明在还原反应中出现了氧化石墨烯的脱氧过程。然而,在原位合成过程中,石墨烯表面的残余含氧官能团仍然能将金属离子固定在石墨烯上。与[Co $2p_{3/2}$(778.10 eV)和 Co $2p_{1/2}$(793.30 eV)]相比,Co $2p_{3/2}$(779.50 eV)和 Co $2p_{1/2}$(779.40 eV)的结合能出现一个较小的化学位移,这表明石墨烯表面的 Co 已经被完全氧化。氧化石墨共轭芳香结构的还原与恢复导致其具有良好的电子导电性,且在石墨烯表面具有较好的电子传输性能。

为进一步考察 Co@rGO 复合材料的形态和结构,采用 FESEM 和 TEM 对所制备的复合材料进行表征(见图 3-18)。从 TEM 照片和 SEM 照片可以看出钴粒子均匀分布在 rGO 两侧。从高放大倍率的 TEM 照片可以看出钴粒子的尺寸为 15～40 nm(平均值为 30 nm)[见图 3-18(b)],这与由 XRD 图计算出来的结果相接近。值得注意的是,尽管制备 TEM 样品时,Co@rGO 复合材料经过长时间的超声处理,钴粒子仍然较为牢固地固定在 rGO 表面,这表明钴粒子和 rGO 之间存在着较强的相互作用。rGO 表面的钴粒子没有聚集在一起,表明 rGO 层能使钴纳米粒子较好地分散开来。基于 TEM 照片可以看出,在钴纳米粒子

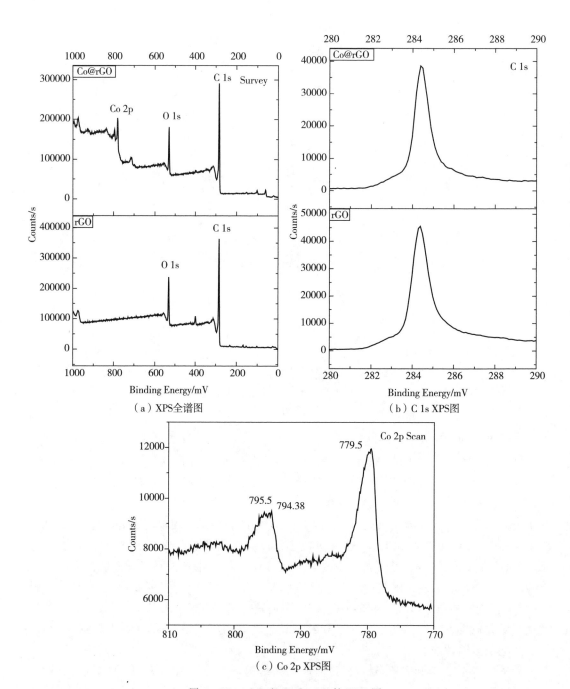

（a）XPS全谱图

（b）C 1s XPS图

（c）Co 2p XPS图

图 3-17 rGO 和 Co@rGO 的 XPS 图

和 rGO 界面之间存在较强的相互作用,这种较强的结合使电子能以较快的速度从 rGO 表面传递到钴粒子上,从而使其具有较好的化学性能。显然,TEM 照片和 SEM 照片均能证明 rGO 片层的形成。Co@rGO 复合材料的 EDS 图[见图 3-18(d)],进一步证明了 Co@rGO 复合材料的形成。EDS 光谱图表明在复合材料中存在 C、O 和 Co 元素,Cu 和 Si 的峰归因于 TEM 表征所使用的铜网,这说明钴粒子沉积在 rGO 的表面。

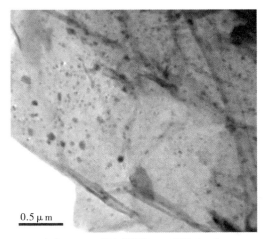

（a）Co@rGO复合材料的TEM照片（一）

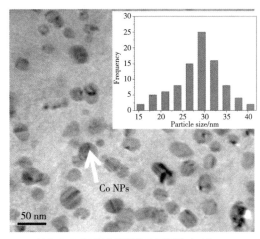

（b）Co@rGO复合材料的TEM照片（二）
（插图为钴粒子的粒径分布图）

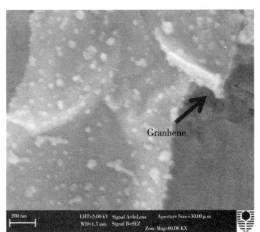

（c）Co@rGO复合材料的SEM照片

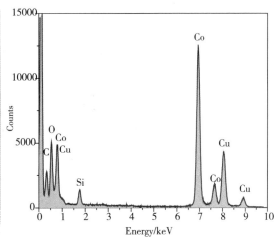

（d）Co@rGO复合材料的EDS图

图 3 - 18   Co@rGO 复合材料的表征图

采用 TG - DTA 表征分析了 Co@rGO 复合材料的热稳定性（见图 3 - 19）。从图 3 - 19(a)可以观察到两个较为明显的重量损失。300 ℃以下出现的重量损失可以归因于分子间物理吸附的水分的蒸发。300～580 ℃出现的重量损失可以归因于 rGO 表面残余氧化基团的损失。在 530 ℃附近,DTA 曲线出现了一个较强的放热峰,这可能归因于 rGO 碳骨架的燃烧,而在氩气气氛下煅烧重量损失较小[见图 3 - 19(b)],表明 Co@rGO 复合材料具有较好的热稳定性。

钴粒子的磁性能使 Co@rGO 复合材料具备较好的磁分离性能。如图 3 - 20 所示,当磁铁接近 Co@rGO 复合材料悬浮液时,Co@rGO 纳米颗粒能在 20 s 内被吸引至容器的侧壁,溶液变得澄清透明。这说明由于它们有较强的顺磁特性,在外部磁场存在下,Co@rGO 纳米颗粒能被磁化进而聚集在一起。当移除磁场时,磁化强度衰变为零,Co@rGO 纳米颗粒将会重新分散在该溶液中。

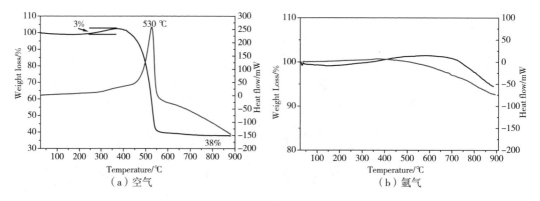

（a）空气　　　　　　　　　　　　（b）氩气

图 3-19　Co@rGO 复合材料在不同气氛下的 TG-DTA 曲线

图 3-20　Co@rGO 复合材料悬浮液磁分离过程图

3.3.3　Co@rGO 复合材料的催化性能评价

图 3-21 为 Co@rGO 复合材料活化不同氧化剂降解金橙Ⅱ的曲线。降解效率从高到低的顺序为 Co@rGO/PMS、Co@rGO/H₂O₂、Co@rGO/PDS。Co@rGO 与 H₂O₂ 和 PDS 体系在 1 h 内仅仅能降解不到 10% 的金橙Ⅱ，表明 Co@rGO 活化 H₂O₂ 和 PDS 产生 HO· 和 SO₄⁻· 的效率并不高。然而，Co@rGO/PMS 体系的降解效率比 PDS 和 H₂O₂ 的要高得多，这是因为 Co@rGO 能与 PMS 反应产生 SO₄⁻·。众所周知，PMS 具有比 H₂O₂ 更高的氧化电位，PMS 分子中只有一个 H 来替代 SO₃，其分子结构是非对称的。因此，PMS 比其他两种氧化剂更容易被活化。Anipsitakis 和 Dionysiou 曾经报道，在均相体系中 Co²⁺/H₂O₂ 和 Co²⁺/PDS 具有较低的反应速率。同样地，在本节中的非均相体系中，Co@rGO/PDS 和 Co@rGO/H₂O₂ 也具有较低的反应速率。

Co@rGO 复合材料与其他材料均相或非均相活化 PMS 降解金橙Ⅱ的曲线如图 3-22 所示。在 Co@rGO 复合材料存在的条件下，金橙Ⅱ溶液能在 60 min 内被 SO₄⁻· 逐步降解完全，这表明此过程破坏了染料发色基团的结构。然而，Co 和 Co₃O₄ 的催化活性相比于 Co@rGO 的催化活性就要低得多。对于纯 Co 样品，金橙Ⅱ被降解了 88%，对于纯 Co₃O₄，60 min 内仅仅降解了 31%。在催化测试条件下，金橙Ⅱ溶液的降解遵循如下准一级动力学模型：

$$\ln(C_t/C_0) = -k_{obs}t \tag{3-6}$$

式中，t 为反应时间；k_{obs} 为表观速率常数，单位为 min^{-1}；C_0 和 C_t 分别是污染物在时间为 0 和 t 时的浓度，单位均为 mg/L。从图 3-22 中可以看出，在同样的条件下，使用不同催化剂时金橙 II 的降解速率从高到低依次是 Co^{2+}/PMS、Co@graphene/PMS、Co/PMS、Co_3O_4/PMS。然而，磁性 Co@rGO 的催化活性与均相 Co^{2+} 的催化活性相接近。它们均比未负载的 Co_3O_4 的催化活性要高。Co 与 rGO 的结合使其在催化活性方面起到了协同作用，从而提高了其质量转移的相对速率和活性位上的化学反应速率，这与 Co_3O_4@rGO 和 $CoFe_2O_4$@rGO 相似。

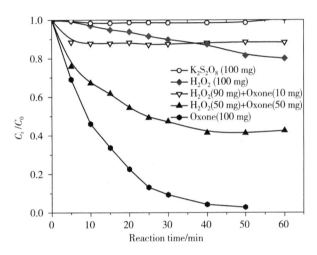

图 3-21　Co@rGO 复合材料活化不同氧化剂降解金橙 II 的曲线

　　Co@rGO 催化降解反应完成后，收集反应后的反应液，用于 TOC 和溶液中浸出钴离子的检测分析。TOC 的去除率仅为 20%，远远低于相应的金橙 II 溶液的去除率，这表明溶液中有金橙 II 的反应中间体存在。经检测，溶液中的钴离子浓度为 0.10 mg/L，这些钴离子是由 Co@rGO 复合材料中浸出来的。作为对比，在相同体系中采用均相催化剂钴离子降解金橙 II 的曲线如图 3-22 所示。与负载型催化剂相比，浸出的钴离子对于 PMS 仅具备微弱的活化作用。此外，还研究了重复利用的 Co@rGO 复合材料的催化活性。虽然 Co@rGO 复合材料仍然保持较高的催化活性，但是金橙 II 的降解效率出现了一定的下降，这可能是由于催化剂中钴离子的浸出、中间体对复合材料表面的覆盖和 Co@rGO 复合材料表面电荷的变化。

　　Co@rGO/PMS 体系降解金橙 II 的 UV-Vis 光谱图如图 3-23 所示。在 310 nm 和 230 nm 处出现的两个峰是由于芳环的吸收作用。在 484 nm 处出现的峰是由于 N 原子上未共用电子对以及遍布两个芳香基团和包围在腙晶面上 N—N 基团的共轭体系的 n—π* 跃迁。这三个主要的吸收带随着时间的推移逐渐减弱直至消失，这一结果表明金橙 II 的偶氮和萘环结构被完全破坏。

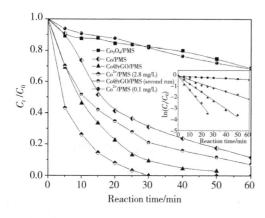 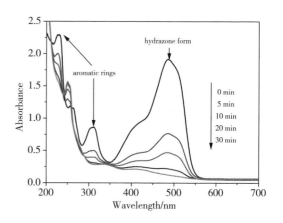

图 3-22 Co@rGO 复合材料与其他材料均相
或非均相活化 PMS 降解金橙 II 的曲线
（插图为金橙 II 降解反应的动力学曲线）

图 3-23 Co@rGO/PMS 体系
降解金橙 II 的 UV-Vis 光谱图

为进一步了解 Co@rGO/PMS 体系降解金橙 II 的效率,本节还研究了不同实验参数,包括初始溶液 pH、金橙 II 初始浓度、PMS 浓度以及反应温度对降解速率的影响。如图 3-24 所示,初始溶液 pH 对污染物的降解速率影响较为显著。初始溶液 pH 为 4.0 时,在 60 min 内有 94% 的金橙 II 被降解,随着初始溶液 pH 的升高,金橙 II 的降解速率也随之升高。当初始溶液 pH 为 10.0 时,具备较高的催化活性,此时的速率常数约为 pH=4.0 时的 2.3 倍。反应体系在较高 pH 时,Co@rGO 表面生成较多的 Co—OH 复合物,从而促进了非均相活化 PMS 的效率。因此,在 $SO_4^- \cdot$ 体系中,pH 是控制污染物降解效率的一项重要手段。

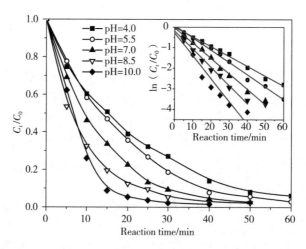

图 3-24 初始溶液 pH 对 Co@rGO/PMS 体系降解金橙 II 的影响(插图为金橙 II 降解反应的动力学曲线)

本节还研究了染料初始浓度对 Co@rGO/PMS 体系降解金橙 II 的影响。从图 3-25 可以看出,随着染料浓度的升高(30～120 mg/L),其降解效率和降解速率随之下降。这与其他体系的实验结果相一致。对于这一现象可能的解释是,在自由基量不变的条件下,当染料浓度增加时,用于供给染料分子的自由基相对量就减少了。然而,尽管金橙 II 的浓度高达

120 mg/L，但在 60 min 内仍然有 80％的金橙Ⅱ被降解。

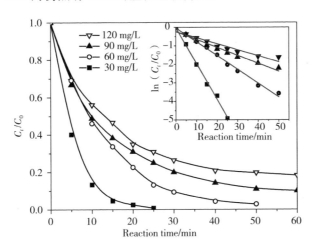

图 3-25 金橙Ⅱ的浓度对 Co@rGO/PMS 体系降解金橙Ⅱ的影响（插图为金橙Ⅱ降解反应的动力学曲线）

PMS 浓度对 Co@rGO/PMS 体系降解金橙Ⅱ的影响如图 3-26 所示。当 PMS 浓度从 0.04 g/L 升高到 0.20 g/L 时，金橙Ⅱ的降解速率也从 0.018 min^{-1} 升高到 0.075 min^{-1}，这归因于 PMS 浓度的增加额外生成了 SO_4^-·。当 PMS 浓度由 0.20 g/L 进一步升高到 0.60 g/L 时，金橙Ⅱ的降解速率仅有很小的提升，这可能是由于过量的 PMS 不能与钴形成对有机染料有降解活性的复合物。另外，更高的 PMS 浓度可能抑制 SO_4^-· 形成氧化电位比 HO· 更低的 SO_5^-·。

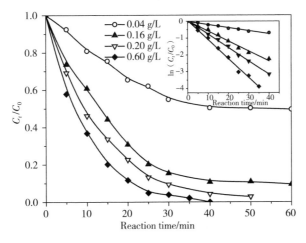

图 3-26 PMS 浓度对 Co@rGO/PMS 体系降解金橙Ⅱ的影响（插图为金橙Ⅱ降解反应的动力学曲线）

通常情况下，活化 PMS 生成 SO_4^-· 的方法主要有光分解法和高温热解法。温度对活化 PMS 产生 SO_4^-· 的分解速率有着重要的影响。图 3-27 为反应温度对 Co@rGO/PMS 体系降解金橙Ⅱ的影响。由图 3-27 可知，25 ℃时，30 min 能降解 90％的金橙Ⅱ，45 ℃时会有更高的反应速率。随着温度的升高，金橙Ⅱ降解的表观速率常数 k_{obs} 也随之增加，这一结果表明温度的升高能较显著地提高金橙Ⅱ的降解速率。这是由于较高的温度能更快地使

PMS 分解生成 $SO_4^- \cdot$。因此,PMS 比较适宜应用于较高温度环境下。

阿伦尼乌斯曲线如图 3-28 所示,其斜率即为整个反应的活化能,其值为 $E_a = 49.5$ kJ/mol。由于扩散控制的反应能量比活化能要高,所以催化反应是由其内在化学反应速率控制,而不是由其质量传递速率控制。

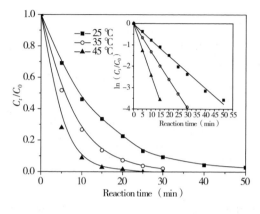
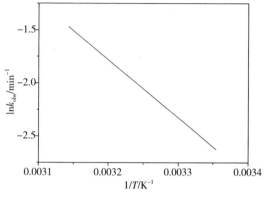

图 3-27　反应温度对 Co@rGO/PMS 体系降解
金橙Ⅱ的影响(插图为金橙Ⅱ降解反应的动力学曲线)

图 3-28　阿伦尼乌斯曲线

前人的研究表明,不同非均相催化剂的反应活化能的值为 15.8~75.5 kJ/mol。由于实验条件的不同,虽然不同非均相催化剂的催化活性没有一定的可比性,但是实验结果表明在高级氧化领域,Co@rGO 复合材料是一种具有应用前景的催化材料。金橙Ⅱ降解实验结果汇总表见表 3-2 所列。

表 3-2　金橙Ⅱ降解实验结果汇总表

序号	变体参数[a]	(k_{obs}/min^{-1}) [b]	R^2 of k_{obs}	标准误差
1	Co_3O_4/PMS	0.00501	0.917	5.00×10^{-4}
2	Co/PMS	0.0357	0.984	0.00154
3	Co@graphene/PMS	0.0747	0.992	0.00244
4	Co^{2+}/PMS	0.131	0.989	0.00627
5	pH=4.0	0.0477	0.993	0.00133
6	pH=5.5	0.0597	0.992	0.00183
7	pH=7.0	0.0747	0.992	0.00244
8	pH=8.5	0.0885	0.986	0.00376
10	pH=10.0	0.111	0.925	0.01194
11	[金橙Ⅱ] = 30 mg/L	0.195	0.994	0.00662
12	[金橙Ⅱ] = 60 mg/L	0.0747	0.992	0.00244
13	[金橙Ⅱ] = 90 mg/L	0.0432	0.968	0.00278

（续表）

序号	变体参数[a]	(k_{obs}/min^{-1}) [b]	R^2 of k_{obs}	标准误差
14	［金橙Ⅱ］= 120 mg/L	0.0326	0.918	0.00343
15	［PMS］=0.04 g/L	0.0181	0.977	0.00106
16	［PMS］=0.16 g/L	0.0592	0.985	0.00272
17	［PMS］=0.20 g/L	0.0797	0.998	0.00150
18	［PMS］=0.60 g/L	0.113	0.993	0.00370
19	$T=25$ ℃	0.0747	0.992	0.00244
20	$T=35$ ℃	0.131	0.999	$6.1×10^{-4}$
21	$T=45$ ℃	0.237	0.999	0.00476

注：a 为除非另作说明，降解反应的条件是 60 mg/L 金橙Ⅱ，0.2 g/L PMS，0.01 g/L Co@rGO，反应温度为 25 ℃，反应时间为 60 min；b 为 k_{obs} 是准一级反应速率常数。

3.3.4　Co@rGO 复合材料催化反应机理研究

很多文献都报道了采用零价铁活化溶解氧、H_2O_2、PDS 和 PMS 以降解有机污染物的研究。本节利用钴离子作为替代，采用零价钴活化 PMS 降解金橙Ⅱ。根据以前的研究，Co@rGO/PMS 体系中的初级自由基在氧化降解金橙Ⅱ的过程中起到了至关重要的作用。在有氧条件下，≡Co^0 能通过氧化得到≡Co^{2+}［见式（3-7）］。在此过程中，≡Co^0 氧化过程释放的 OH^- 能迅速被 PMS 分解时产生的 H^+ 中和。更为重要的是，根据式（3-8），PMS 能直接与≡Co^0 反应产生≡Co^{2+}。≡Co^{2+} 产生后将迅速活化 PMS 生成≡Co^{3+}［见式（3-9）］。同时，≡Co^{3+} 与 PMS 反应又会产生更多的≡Co^{2+}［见式（3-10）］。因此，在 PMS 存在的条件下，≡Co^{2+} 参与了氧化还原反应的循环，生成 $SO_4^- \cdot$。而且，如式（3-11）沉积在≡Co^0 表面的≡Co^{3+} 还会引发≡Co^{2+} 的生成。通过这种方法，钴催化剂可在反应过程循环中往复下去，直至 PMS 消耗完。根据实验结果推断出 Co@rGO/PMS 体系降解反应的机理如下：

$$\equiv Co^0 + O_2 + 2H_2O \longrightarrow \equiv Co^{2+} + 4OH^- \tag{3-7}$$

$$\equiv Co^0 + 2HSO_5^- \longrightarrow \equiv Co^{2+} + 2SO_4^- \cdot + 2OH^- \tag{3-8}$$

$$\equiv Co^{2+} + HSO_5^- \longrightarrow \equiv Co^{3+} + SO_4^- \cdot + OH^- \tag{3-9}$$

$$\equiv Co^{3+} + HSO_5^- \longrightarrow \equiv Co^{2+} + SO_5^- \cdot + H^+ \tag{3-10}$$

$$\equiv Co^0 + 2 \equiv Co^{3+} \longrightarrow 3 \equiv Co^{2+} \tag{3-11}$$

$$SO_4^- \cdot + Orange \ Ⅱ \longrightarrow CO_2 + H_2O \tag{3-12}$$

由上述结论推断并提出了 Co@rGO/PMS 体系降解金橙Ⅱ的反应机理图（见图 3-29）。

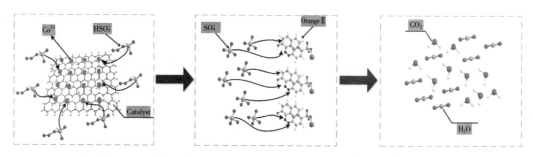

图 3-29　Co@rGO/PMS 体系降解金橙 II 的反应机理图

3.3.5　小结

本节采用两步法制备磁性 Co@rGO 复合材料,通过 XRD,FTIR,FESEM,TEM,EDS、TGA、XPS 和拉曼光谱等表征技术对所合成的复合材料进行了一系列的表征,并通过其降解金橙 II 的效果来评估其催化性能。TEM 和 XRD 表征结果显示复合材料中分散在 rGO 表面的钴纳米颗粒的平均粒径为 30 nm。催化性能测试表明 Co@rGO 复合材料拥有比纯 Co 更好的催化活性。Co@rGO/PMS 体系对金橙 II 的降解遵循准一级动力学方程,经计算其反应活化能为 49.5 kJ/mol。通过实验发现,金橙 II 降解的速率常数随着温度和氧化剂 PMS 浓度的增加而增大,但是随着金橙 II 溶液初始浓度的增加而减小。

3.4　α-Co(OH)₂@rGO 复合材料的制备及其催化氧化性能研究

3.4.1　α-Co(OH)₂@rGO 复合催化剂的制备

α-Co(OH)₂@rGO 复合材料的制备:采用一步水热法制备 α-Co(OH)₂@rGO 复合材料。首先,以石墨为原料,硫酸(H_2SO_4)和高锰酸钾($KMnO_4$)为氧化剂,采用 Hummers 法制备氧化石墨(准确称取 0.4 g 石墨于 500 mL 烧杯中,加入 300 mL 去离子水,充分混合,超声 2 h 得到氧化石墨烯悬浮液)。向上述悬浮液中加入 350 mg 四水合醋酸钴 [Co(C₂H₃O₂)₂·4H₂O]搅拌 0.5 h。然后逐滴加入 10 mL 氨水,再准确称取 0.35 g 葡萄糖并缓慢加入上述混合液中,充分搅拌混合。最后,将得到的混合液密封在 100 mL 聚四氟乙烯衬里的高压反应釜中,160 ℃下水热反应 4 h。水热反应结束后,离心分离得黑色固体,分别用蒸馏水和乙醇洗涤数次,最后,在 80 ℃条件下干燥 12 h,经研磨得黑色粉末状的产物。通过类似的反应过程,在不添加 rGO 或者不添加醋酸钴的条件下,分别制得纯的 α-Co(OH)₂ 和 rGO。α-Co(OH)₂@rGO 复合材料的合成路线图如图 3-30 所示。

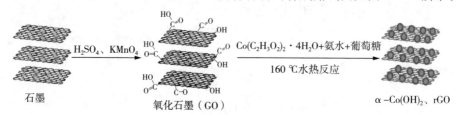

图 3-30　α-Co(OH)₂@rGO 复合材料的合成路线图

3.4.2 α-Co(OH)₂@rGO 复合材料的表征

α-Co(OH)₂ 的形貌和结构通过 FESEM 和 TEM 图谱表征，α-Co(OH)₂ 的表征图如图 3-31 所示。图 3-31(a) 表明所制备的 Co(OH)₂ 样品颗粒的聚集是随机的、无规律的。从高倍扫描电镜结果[见图 3-31(b)]可以看出每个纳米粒子的厚度为 5～10 nm。这种独特的结构为其提供了良好的形态学基础，在快速催化反应过程中，它不但提高了污染物分子与 Co(OH)₂ 的接触面积，并且能使污染物分子更易聚集到 Co(OH)₂ 周围。通过 TEM 的表征结果[见图 3-31(c)]进一步表征了 Co(OH)₂ 样品的形态结构。TEM 图谱与 FESEM 图谱一致，在高倍镜下可得到 Co(OH)₂ 的粒径分布。如图 3-31(d) 所示，通过 EDS 分析进一步证实了 α-Co(OH)₂ 纳米颗粒的存在。TEM 图中，除了 C 和 Cu 两种元素的波峰外，只观察到了 Co 和 O 两种元素的波峰，这进一步表明了 α-Co(OH)₂ 纳米颗粒的结构。

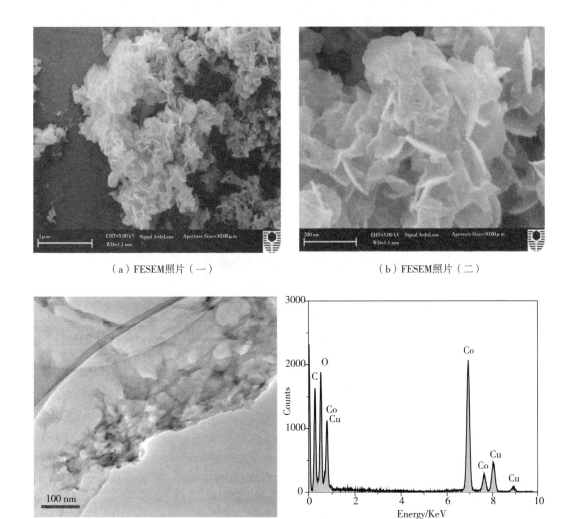

（a）FESEM照片（一）　　　　（b）FESEM照片（二）

（c）TEM照片　　　　（d）EDS图

图 3-31　α-Co(OH)₂ 的表征图

图 3 - 32 为 α - Co(OH)$_2$@rGO 复合材料的表征图。从图 3 - 32(a)可以看出 α - Co(OH)$_2$ 纳米颗粒分布在 rGO 片层的表面,这与纯净的 α - Co(OH)$_2$ 纳米粒子有所不同。从图 3 - 32(b)同样观察到,α - Co(OH)$_2$ 纳米颗粒均匀分布在 rGO 片层表面,这是由于 rGO 片阻止了 α - Co(OH)$_2$ 纳米颗粒的进一步聚集,这样的结构有助于催化反应的进行。图 3 - 32(c)和(d)的 TEM 照片显示的结果与 FESEM 相似。可以观察到 α - Co(OH)$_2$ 纳米颗粒紧密的聚集在 rGO 片层的表面,这也表明 α - Co(OH)$_2$ 纳米颗粒和 rGO 片层之间有较强的作用力。如图 3 - 32(e)所示,通过 EDS 分析可以确认有 α - Co(OH)$_2$ 纳米颗粒存在。

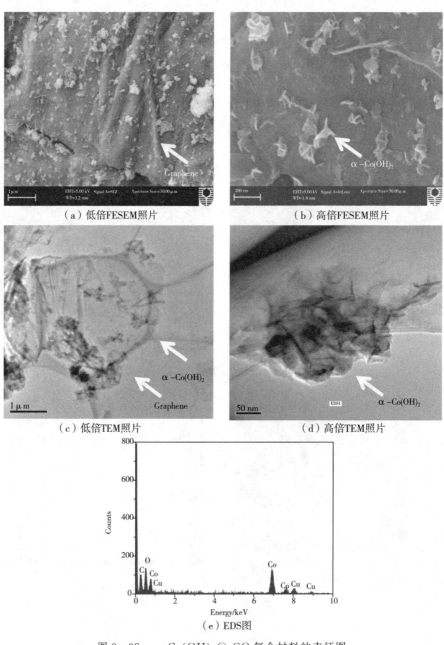

(a)低倍FESEM照片 　　(b)高倍FESEM照片

(c)低倍TEM照片 　　(d)高倍TEM照片

(e)EDS图

图 3 - 32　α - Co(OH)$_2$@rGO 复合材料的表征图

GO、α-Co(OH)$_2$和 α-Co(OH)$_2$@rGO 复合材料的 XRD 图如图 3-33 所示,XRD 图进一步确定了所制备复合材料的晶体结构。2θ 为 9.2°、33.8°和 59.7°处较弱的衍射峰是由水滑石 α-Co(OH)$_2$的对称的菱面体结构引起的。衍射图谱中相对较宽的衍射峰表明 α-多晶相具有较低的结晶度和较小的晶粒尺寸,这可能是一些沿着 c 轴取向无序层状结构导致其在平行位面的衍射。α-Co(OH)$_2$@rGO 复合材料也具有同样特点的波峰。此外,在 2θ 为 26°处有圆圈标记得非常弱的衍射峰为 rGO 的(001)晶面。与 GO 的衍射峰(002)晶面相比,α-Co(OH)$_2$@rGO 复合材料的衍射峰在 2θ 为 11°处强度显著减弱,并且 GO 的(100)晶面的 XRD 峰在 2θ 为 42°处完全消失。此结果说明 GO 层状结构已基本完全剥离,α-Co(OH)$_2$@rGO 复合材料中大部分 GO 处于无序堆积状态,只有少量 GO 聚集在 rGO 片层上。XRD 结果显示,在所制备的复合材料中,有剥离的 rGO 片层和水滑石 α-Co(OH)$_2$纳米颗粒存在。

GO、α-Co(OH)$_2$和 α-Co(OH)$_2$@rGO 复合材料的 FTIR 图如图 3-34 所示。由 GO 的 FTIR 图可以观察到 C—H 键(波数为 2988 cm^{-1})、C=O 键(波数为 1713 cm^{-1})、芳香族 C=C 键(波数为 1580 cm^{-1})和烷氧基 C—O 键(波数为 1043 cm^{-1})的伸缩振动。然而,水热反应后 α-Co(OH)$_2$@rGO 复合材料中的 GO 特征峰几乎全部消失。同时,波数为 1568 cm^{-1}处的 GO 骨架振动吸收峰也消失了,这说明水热反应中葡萄糖已将 GO 还原成了 rGO。对于 α-Co(OH)$_2$纳米颗粒,波数为 3445 cm^{-1}处的宽带是由层间水分子和水分子的羟基及氢键的伸缩振动引起的。在波数为 1580 cm^{-1}和 1364 cm^{-1}处的波峰可以归因于游离—COO 键的伸缩振动。

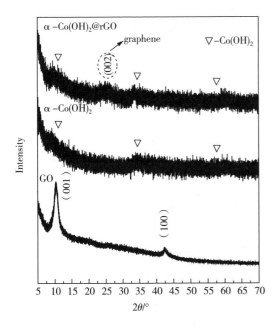

图 3-33　GO、α-Co(OH)$_2$和
α-Co(OH)$_2$@rGO 复合材料的 XRD 图

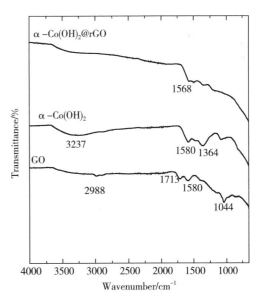

图 3-34　GO、α-Co(OH)$_2$和
α-Co(OH)$_2$@rGO 复合材料的 FTIR 图

采用 TG-DSC 表征 GO,α-Co(OH)$_2$和 α-Co(OH)$_2$@rGO 复合材料的热力学性能

(见图3-35)。由图 3-35 中(a)可以看出,GO 具有热不稳定性,其重量损失分为三个阶段。温度在 150 ℃以下的重量损失主要是由 GO 表面吸附水分子的挥发引起的;温度为 150～280 ℃急剧的重量损失主要是由于 GO 中不稳定含氧官能团分解为 CO、CO_2 和 H_2O 引起的。相应地,通过 DSC 曲线可以看出,在 200 ℃处有一个较大的放热峰,这是由于 GO 碳骨架的燃烧;最后的重量损失发生在 350～520 ℃,并且从 DSC 曲线可以看出,在 516 ℃处有一个非常大的放热峰。由 TG 曲线可以看出,温度为 200～330 ℃时,$\alpha-Co(OH)_2$ 的重量损失很大,并且由 DSC 曲线可以看出,温度为 259 ℃时出现一个很大的放热峰,这可能是 $\alpha-Co(OH)_2$ 类水滑石结构分解为 Co_3O_4 引起的。与 GO 和 $\alpha-Co(OH)_2$ 的表征结果相比较,$\alpha-Co(OH)_2@rGO$ 复合材料的 TG 曲线[见图 3-35 中(c)]显示,重量损失主要集中在 250～330 ℃。相应地,DSC 曲线显示,在温度分别为 227 ℃、308 ℃和 339 ℃时各出现一个较大的放热峰,这些放热峰比 GO 和 $\alpha-Co(OH)_2$ 的峰低得多,出现这些峰的主要原因分别是 rGO 片层上残余的有机官能团被破坏,类水滑石结构氢氧化钴被分解和碳骨架的燃烧。$\alpha-Co(OH)_2@rGO$ 复合材料的 TG-DSC曲线与碳纳米管-钴体系非常相似,这可能是由于碳素材料在氧化过程中受$Co(OH)_2$纳米颗粒催化作用的影响。由重量损失可知,复合材料中 $Co(OH)_2$ 的质量分数为 5%左右。然而,所制备的 $\alpha-Co(OH)_2@rGO$ 复合材料在 200 ℃以下的空气中是稳定的,因此该复合材料可应用于液相反应,完全不需要担心其热稳定性。

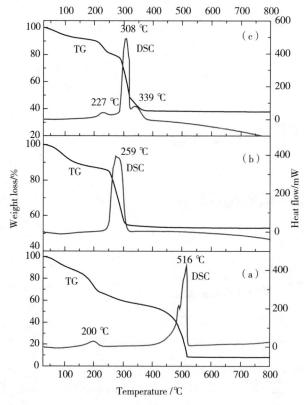

图 3-35 空气气氛下不同成分的 TG 和 DSC 曲线

注:(a)为 GO;(b)为 $\alpha-Co(OH)_2$;(c)为 $\alpha-Co(OH)_2@rGO$ 复合材料。

3.4.3 α−Co(OH)₂@rGO 复合材料的催化性能评价

在 PMS 存在的条件下,研究 α−Co(OH)₂@rGO 复合材料、Co(OH)₂ 和 rGO 对苯酚降解的影响(见图 3−36)。前人的研究结果表明,GO 和 rGO 能吸附少量苯酚,但这与在非均相催化反应中苯酚被快速地去除相比,是可以忽略不计的。当反应中只加入 GO 时,只有少量的苯酚被降解。然而,对 rGO 来说,在 60 min 内将近11%的苯酚被分解,表明 rGO 有类似于活性炭的作用,能活化 PMS 降解少量苯酚。苯酚在 α−Co(OH)₂ 和 α−Co(OH)₂@rGO 复合材料中的降解速率是非常快的,分别在 60 min 和 40 min 内就能被完全降解。苯酚的降解可以通过一级动力学模型计算,结果如图 3−36 中插图所示。研究结果表明所有的催化剂降解苯酚均符合一级动力学模型。

α−Co(OH)₂@rGO 的催化活性比纯 α−Co(OH)₂ 高很多,这主要归因于以下几点。①通过 BET 测量显示,α−Co(OH)₂@rGO 复合材料的比表面积(86.7 m²/g)比 α−Co(OH)₂的比表面积(1.9 m²/g)大得多,这使 α−Co(OH)₂@rGO 复合材料有更多的活性位来吸附苯酚并将其降解。②通过 SEM 图像也表明杂化材料 α−Co(OH)₂@rGO 复合材料中的 α−Co(OH)₂纳米颗粒是高度地分散在 rGO 片层表面上的。③由反应结果可知 rGO 片层不仅是 α−Co(OH)₂ 的载体,而且对苯酚也起到了一定的催化作用。因此,α−Co(OH)₂@rGO 复合材料的特殊性质说明其是一种很有应用前景的催化剂。

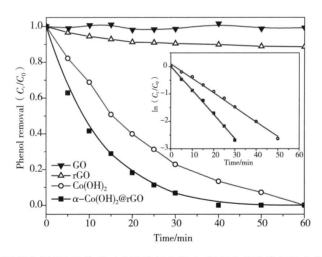

图 3−36 不同催化剂/PMS 体系对苯酚降解的影响(插图为苯酚降解反应的动力学曲线)

3.4.4 α−Co(OH)₂@rGO 复合材料催化反应机理研究

前人的研究已经给出了均相钴催化剂活化 PMS 降解水中有机污染物的机理,即认为 $Co—OH^+$ 为活化 PMS 产生 SO_4^- • 的活性中心。对于非均相体系,一般的反应机理可能涉及三个阶段:第一阶段是苯酚被吸附在固体催化剂的表面;第二阶段是表面 Co(OH)₂纳米颗粒与 PMS 作用产生 SO_4^- •;第三阶段是 SO_4^- • 与被吸附的或者水中的苯酚反应,最终达到净化的作用。本节通过高效液相色谱法检测到在 α−Co(OH)₂@rGO/PMS 或 α−Co(OH)₂/PMS 体系降解苯酚的过程中产生了三种中间产物,分别为对羟基苯甲酸、叔丁基儿茶酚和对苯醌。

图 3-37 为 α-Co(OH)₂/PMS 或 α-Co(OH)₂@rGO/PMS 体系降解苯酚的过程中产生中间产物的浓度随时间的变化关系曲线。对于这两个催化体系,中间产物对羟基苯甲酸和对苯醌的浓度均比叔丁基儿茶酚的浓度高很多,这说明对苯醌为主要的中间产物。这些结果表明这两个催化剂的反应机理是相似的。实验证明,苯酚的降解通常发生在苯酚的邻位和对位。通过中间产物的浓度可以看出,苯酚的羟基化主要发生在对位。然而,苯酚被完全降解之后在溶液中仍然存在中间产物,为了达到充分降低中间产物的浓度目标,反应需要更长的时间,特别是对苯醌毒性比苯酚高三个数量级。此外,为了完全降解有机污染物,需要在溶液中加入大量的氧化剂。该反应的反应方程式如下:

$$Co(OH)_2 + HSO_5^- \longrightarrow Co—OH^{2+} + SO_4^- \cdot + OH^- + H_2O \tag{3-13}$$

$$Co—OH^{2+} + HSO_5^- \longrightarrow CoOH^+ + SO_5^- \cdot + H^+ \tag{3-14}$$

$$CoOH^+ + OH^- \longrightarrow Co(OH)_2 \tag{3-15}$$

$$SO_4^- \cdot + Phenol \longrightarrow CO_2 + H_2O \tag{3-16}$$

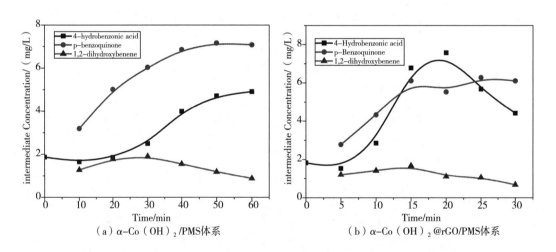

(a) α-Co(OH)₂/PMS体系   (b) α-Co(OH)₂@rGO/PMS体系

图 3-37   不同体系降解苯酚的过程中产生中间产物的浓度随时间的变化曲线

3.4.5   小结

本节采用水热法,以氧化石墨和醋酸钴为原料,以葡萄糖为还原剂,在 160 ℃下水热反应 4 h 成功制备了 α-Co(OH)₂@rGO 复合材料。采用 TEM、FESEM、EDS、XRD、FTIR 和 TG-DSC 等多种表征手段对所制备的催化剂进行了一系列表征,表征结果显示,α-Co(OH)₂纳米颗粒均匀地分散在 rGO 片层的表面。另外,α-Co(OH)₂@rGO 复合材料降解苯酚的效果比 rGO 和 α-Co(OH)₂都好很多。苯酚催化氧化反应符合一级动力学模型。中间产物的产生表明苯酚的降解主要源于对位基团的羟基化。总之,纳米级 α-Co(OH)₂@rGO复合材料可作为一种高效的催化剂,用于 PMS 的活化和污染物的降解,而且该催化剂易于回收,活性稳定,可重复利用,可应用于实际污水的处理。

3.5 MnFe$_2$O$_4$@rGO 复合材料的制备及其催化氧化性能研究

3.5.1 MnFe$_2$O$_4$@rGO 复合材料的制备

MnFe$_2$O$_4$@rGO 复合材料的制备：将 0.5 g 氧化石墨分散于蒸馏水中，超声 60 min 得氧化石墨烯悬浮液。同时，将 1.752 g Fe(NO$_3$)$_3$ · 9H$_2$O 和 0.544 g Mn(C$_2$H$_3$O$_2$)$_2$ · 4H$_2$O 按照 Fe^{3+} 和 Mn^{2+} 物质的量比 2：1 充分溶解在 50 mL 蒸馏水中。然后，在磁力搅拌下将上述溶液加入氧化石墨烯悬浮液中，搅拌 1 h。随后，将适量水合肼溶液（质量分数为 35%）和氨水溶液（质量分数为 28%）加入氧化石墨烯悬浮液中，不断搅拌。然后，将混合液在 80 ℃下水浴 4 h。最后通过离心分离，蒸馏水洗涤，无水乙醇去除杂质，60 ℃ 真空干燥 24 h，并研磨得 MnFe$_2$O$_4$@rGO 复合材料。为了比较，采用上述方法但不添加氧化石墨制备了 MnFe$_2$O$_4$ 纳米颗粒。所有样品保存在干燥器中。MnFe$_2$O$_4$@rGO 复合材料的合成路线图如图 3-38 所示。

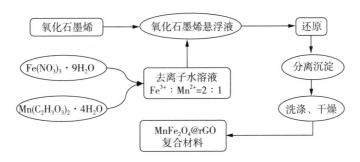

图 3-38 MnFe$_2$O$_4$@rGO 复合材料的合成路线图

3.5.2 MnFe$_2$O$_4$@rGO 复合材料的表征

如图 3-39 所示为 GO、MnFe$_2$O$_4$ 纳米颗粒、MnFe$_2$O$_4$@rGO 复合材料的 XRD 图。从图中可以看出 MnFe$_2$O$_4$ 纳米颗粒和 MnFe$_2$O$_4$@rGO 复合材料的 XRD 图相似，两者的衍射峰和尖晶石型 MnFe$_2$O$_4$（JCPDS，73-1964）的衍射峰相对应。MnFe$_2$O$_4$@rGO 复合材料的 XRD 图谱中未出现 rGO(002) 或 GO(001) 的衍射峰，是由于在还原过程中 MnFe$_2$O$_4$ 晶体在 GO 层间生长破坏了 GO 层间的规则结构。通过计算得到，MnFe$_2$O$_4$ 纳米颗粒和 MnFe$_2$O$_4$@rGO 复合材料中 MnFe$_2$O$_4$ 的晶体尺寸分别为 14.5 nm 和 13.2 nm。由于制备的方法不同，MnFe$_2$O$_4$ 纳米颗粒在 MnFe$_2$O$_4$@rGO 复合材料中的晶体尺寸比文献报道的更小。

MnFe$_2$O$_4$@rGO 复合材料的拉曼光谱图（见图 3-40）进一步证明了制备的产品为 MnFe$_2$O$_4$@rGO 复合材料。在图 3-40 中，拉曼位移为 1320 cm^{-1}（D 峰）以下出现的特征峰对应于 MnFe$_2$O$_4$ 振动。拉曼位移为 1320 cm^{-1} 和 1586 cm^{-1} 的峰分别对应 rGO 的 D 峰和 G 峰，它们之间的强度比（I_D/I_G）表示 rGO 结构的混乱程度。I_D/I_G 值越高表明 rGO 结构的缺陷和杂乱越多。MnFe$_2$O$_4$@rGO 复合材料的 I_D/I_G 为 1.18，说明 rGO 片层中存在缺陷和无序。

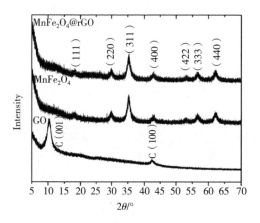

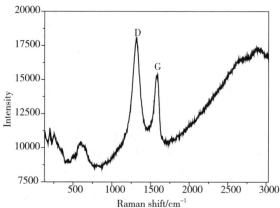

图 3-39 GO、$MnFe_2O_4$ 纳米颗粒、
$MnFe_2O_4@rGO$ 复合材料的 XRD 图

图 3-40 $MnFe_2O_4@rGO$ 复合材料的拉曼光谱图

通过 N_2 吸附测试确定催化剂的孔隙率。根据 IUPAC 分类,$MnFe_2O_4@rGO$ 复合材料的 N_2 吸附-脱附曲线(见图 3-41)符合类型 IV,在相对压力 P/P_0 分别为 0.09 和 0.98 时有两个微弱的滞后环,表明样品中存在粒子间无序的中孔隙。图 3-41 中的插图为依据吸附曲线建立 BJH 模型计算得到的孔径分布图,其显示 $MnFe_2O_4@rGO$ 复合材料具有较窄的孔径分布(1~6 nm)。此外,相对于 $MnFe_2O_4$(比表面积为 90.6 m^2/g,孔容为 0.31 cm^3/g),$MnFe_2O_4@rGO$ 复合材料具有较高的比表面积(196 m^2/g)和孔容(0.367 cm^3/g)。这是因为作为载体的 rGO 具有较大的比表面积,而较大的比表面积可为吸附和反应提供更多的活性位点,进而加强了催化剂的催化活性。

在空气流和氩气流下,通过 TG-DSC 分析测试了 $MnFe_2O_4@rGO$ 复合材料的热稳定性(见图 3-42)。从 TG-Air 曲线趋势可知 $MnFe_2O_4@rGO$ 复合材料因物理吸附水分的蒸发和 rGO 碳骨架的燃烧,分别在 20~120 ℃ 和 250~480 ℃ 发生两次失重过程。在 $MnFe_2O_4@rGO$ 复合材料的 DSC-Air 曲线中,在 414.8 ℃ 出现放热峰是因为锰铁氧化物的复合作用及在碳燃烧过程中的催化作用。在氩气流下,$MnFe_2O_4@rGO$ 复合材料的 TG-Ar 和 DSC-Ar 曲线没有尖锐峰和放热峰,趋势平缓,展现出极强的热稳定性。这与文献报道的在氩气流下 rGO 的热性能一致。依据 $MnFe_2O_4@rGO$ 复合材料的质量损失,可计算其组成中 $MnFe_2O_4$ 和 rGO 的质量分数分别为 63.9% 和 36.1%。

通过 SEM 和 TEM 照片进一步分析了纯 $MnFe_2O_4$ 纳米颗粒和 $MnFe_2O_4@rGO$ 复合材料的形貌结构(见图 3-43)。$MnFe_2O_4$ 纳米颗粒由于团聚作用,具有较大的颗粒尺寸[图 3-43(a)]。$MnFe_2O_4@rGO$ 复合材料由于 $MnFe_2O_4$ 纳米颗粒与 rGO 层间具有协同作用,阻碍了 $MnFe_2O_4$ 纳米颗粒的团聚,使得 $MnFe_2O_4$ 纳米颗粒均一地分散在 rGO 表面。TEM 表征使用的 $MnFe_2O_4@rGO$ 复合材料是在长时间机械搅拌和超声后得到的,由 TEM 照片展现的均一性表明,$MnFe_2O_4$ 纳米颗粒稳定地固定在 rGO 表面,说明 $MnFe_2O_4@rGO$ 复合材料具有很强的机械稳定性。$MnFe_2O_4$ 纳米颗粒与 rGO 之间的紧密作用,使得电子能快速地从 rGO 载体向 $MnFe_2O_4$ 纳米颗粒转移。此外,EDS 表征结果进一步证实了复合材料的组成,表征结果表明复合材料中存在 Mn、Fe、C 和 O 四种元素。C 元素主要存在于 rGO 中;O 元素主要存在于 $MnFe_2O_4$ 和 rGO 表面的含氧官能团中;Cu 和 Si 元素产生于 TEM 表征过程。

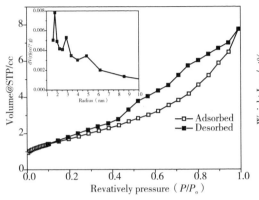

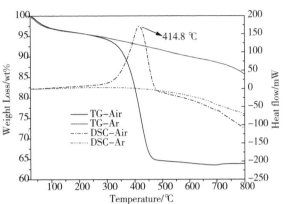

图 3-41 $MnFe_2O_4$@rGO 复合材料的 N_2
吸附-脱附曲线(插图为依据吸附曲线
建立 BJH 模型计算得到的孔径分布图)

图 3-42 $MnFe_2O_4$@rGO 复合材料在空气和
氩气氛围下的 TG-DSC 曲线

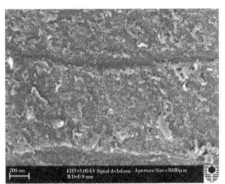

(a) $MnFe_2O_4$纳米颗粒的SEM照片

(b) $MnFe_2O_4$@rGO复合材料的SEM照片

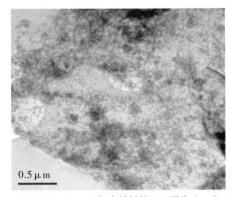

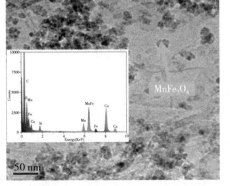

(c) $MnFe_2O_4$@rGO复合材料的TEM照片(一)

(d) $MnFe_2O_4$@rGO复合材料的TEM照片(二)
(插图为$MnFe_2O_4$@rGO复合材料的EDS图)

图 3-43 $MnFe_2O_4$ 纳米颗粒和 $MnFe_2O_4$@rGO 复合材料的表征图

3.5.3　MnFe$_2$O$_4$@rGO 复合材料的催化性能评价

金橙Ⅱ作为一种危害染料,是催化降解污染物性能检测实验中的典型降解目标。图 3－44 为不同条件下金橙Ⅱ的降解曲线。从图中可以看出,在纯 PMS 体系中,金橙Ⅱ基本不降解。MnFe$_2$O$_4$ 和 MnFe$_2$O$_4$@rGO 复合材料对金橙Ⅱ有少许的吸附作用,但与异相催化反应相比,其吸附量则可忽略不计。从图 3－44 中可观察到,MnFe$_2$O$_4$@rGO/PMS 比 MnFe$_2$O$_4$/PMS 的催化效果更优,前者体系中金橙Ⅱ去除率在 120 min 时可达到 90%,而后者为 80%。在 MnFe$_2$O$_4$/PMS 和 MnFe$_2$O$_4$@rGO/PMS 反应体系中,金橙Ⅱ逐渐褪色,表明其显色结构遭到破坏。Mn^{2+}/PMS 和 Fe^{3+}/PMS 反应体系仅能稍微降解金橙Ⅱ(去除率小于 20%)。因此,MnFe$_2$O$_4$/PMS 和 MnFe$_2$O$_4$@rGO/PMS 体系催化降解金橙Ⅱ属于非均相催化反应。

研究分析了 MnFe$_2$O$_4$/PMS 和 MnFe$_2$O$_4$@rGO/PMS 体系中 TOC 去除率以及反应液中 Mn 和 Fe 离子浸出浓度,得出两者的 TOC 去除率分别为 10.5% 和 11.2%,这一结果表明反应结束后有中间产物存在。原子吸收分析结果得出,MnFe$_2$O$_4$/PMS 体系中浸出的 Mn 和 Fe 离子浓度分别为 0.0043 mmol/L 和 0.0013 mmol/L,MnFe$_2$O$_4$@rGO/PMS 体系中浸出的 Mn 和 Fe 离子浓度分别为 0.0045 mmol/L 和 0.0020 mmol/L,这一结果表明反应时虽有 Mn 和 Fe 离子浸出,但含量可忽略不计。

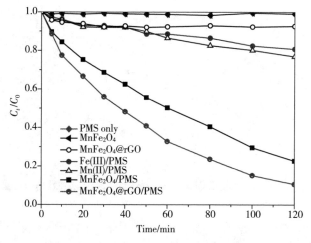

图 3－44　不同条件下金橙Ⅱ的降解曲线

为了探讨催化反应动力学特性,以伪一阶动力学方程进行模拟。数据拟合结果显示金橙Ⅱ降解符合伪一阶动力学模型。其中,MnFe$_2$O$_4$@rGO 复合材料的速率常数(0.019 min^{-1})比 MnFe$_2$O$_4$ 纳米颗粒(0.012 min^{-1})大,表明在活化 PMS 降解染料的过程中 rGO 发挥着积极作用。rGO 与 MnFe$_2$O$_4$ 之间强的界面作用使得它们产生协同效应,提高了电子转移能力,并提供了更多的反应位点。此外,MnFe$_2$O$_4$ 的铁磁性能使其能在催化反应后通过磁铁进行无损失回收。

MnFe$_2$O$_4$/PMS 和 MnFe$_2$O$_4$@rGO/PMS 体系降解不同染料的动力学曲线如图 3－45 所示。MnFe$_2$O$_4$ 催化降解不同染料反应速率常数为 0.0078～0.087 min^{-1},MnFe$_2$O$_4$@rGO 复合材料催化降解的反应速率常数为 0.0099～0.125 min^{-1},且不同染料降解速率按以下顺序排列:甲基紫>甲基橙>亚甲基蓝>金橙Ⅱ>罗丹明 B。五种染料分子结构和降解机理不同导致它们降解速率有所区别。结果分析表明,两种反应体系几乎可降解所有有机染料,且 $MnFe_2O_4$ 纳米颗粒和 $MnFe_2O_4@rGO$ 复合材料催化降解有机染料的性能优异。

实验研究了实际工业废水中存在的几类阴离子(Cl^-、HCO_3^-、CH_3COO^- 和 NO_3^-)以及 Cl^- 浓度对 $MnFe_2O_4/PMS$ 和 $MnFe_2O_4@rGO/PMS$ 体系降解金橙 II 的影响。图 3-46(a)和图 3-46(b)分别为 $MnFe_2O_4/PMS$ 体系和 $MnFe_2O_4@rGO/PMS$ 体系中存在不同浓度 Cl^- 时金橙 II 的降解动力学曲线。结果表明,Cl^- 能够提高催化反应速率,当 Cl^- 浓度从 0 mol/L 提高至 0.1 mol/L 时,两体系中伪一阶反应速率常数 k_{obs} 分别从 0.012 min^{-1} 和 0.019 min^{-1} 提高到 0.128 min^{-1} 和 0.156 min^{-1}。图 3-47(a)和图 3-47(b)分别为 $MnFe_2O_4/PMS$ 体系和 $MnFe_2O_4@rGO/PMS$ 体系中存在不同种类阴离子时金橙 II 的降解动力学曲线。不同阴离子存在时,金橙 II 降解速率按以下顺序排列:$Cl^- > HCO_3^- > CH_3COO^- > NO_3^-$。Yuan 等报道了 Cl^- 浓度对 Co/PMS 体系降解偶氮染料的影响,其中高浓度的 Cl^-(大于 5 mmol/L)能显著强化染料降解,这与本实验结果相一致。

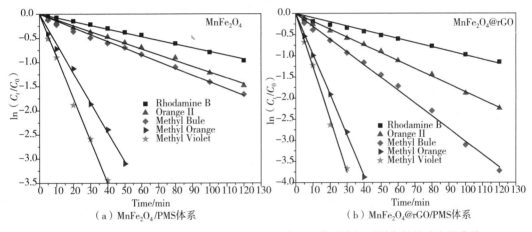

（a）$MnFe_2O_4/PMS$体系　　（b）$MnFe_2O_4@rGO/PMS$体系

图 3-45　$MnFe_2O_4/PMS$ 和 $MnFe_2O_4@rGO/PMS$ 体系降解不同染料的动力学曲线

注:实验参数为[染料]＝0.020 g/L,[PMS]＝0.50 g/L,[$MnFe_2O_4$]＝0.050 g/L,[$MnFe_2O_4@rGO$]＝0.050 g/L,T＝25 ℃。

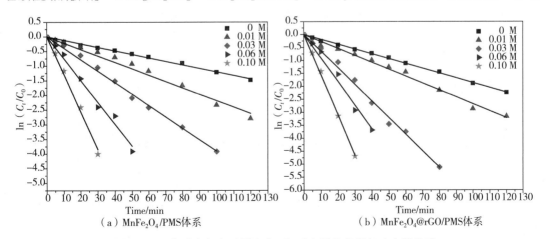

（a）$MnFe_2O_4/PMS$体系　　（b）$MnFe_2O_4@rGO/PMS$体系

图 3-46　体系中存在不同浓度 Cl^- 时金橙 II 的降解动力学曲线

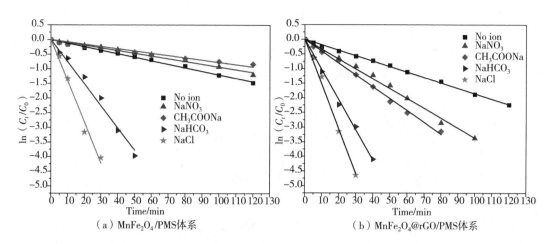

图 3-47　体系中存在不同种类阴离子时金橙 Ⅱ 的降解动力学曲线

　　实验研究了不同反应温度（25～65 ℃）对金橙 Ⅱ 降解的影响。图 3-48 为不同反应温度下 $MnFe_2O_4$/PMS 和 $MnFe_2O_4$@rGO/PMS 体系降解金橙 Ⅱ 的动力学曲线，从图中可得出金橙 Ⅱ 的降解符合伪一阶反应动力学，且反应温度对金橙 Ⅱ 的降解速率影响显著，$MnFe_2O_4$/PMS 和 $MnFe_2O_4$@rGO/PMS 体系在不同温度条件下的实验结果见表 3-3 所列。表 3-3 中 $MnFe_2O_4$@rGO/PMS 体系的速率常数均高于相同温度下的 $MnFe_2O_4$/PMS。依据阿仑尼乌斯方程，绘制 $\ln k_{obs}$ - $1/T$ 关系图（见图 3-49），计算得到 $MnFe_2O_4$ 纳米颗粒和 $MnFe_2O_4$@rGO 复合材料表面反应的活化能（E_a）分别为 31.7 kJ/mol 和 25.7 kJ/mol。$MnFe_2O_4$@rGO 复合材料的活化能较低表明其催化性能比 $MnFe_2O_4$ 更好。两者活化能均高于扩散控制反应活化能（10～13 kJ/mol），催化反应速率由复合材料表面本征化学反应速率决定，并非由传质速率决定。先前研究表明不同非均相催化剂的活化能为 15.8～

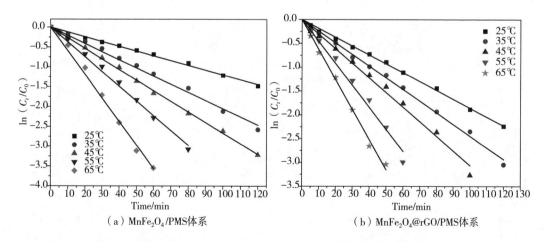

图 3-48　不同反应温度下 $MnFe_2O_4$/PMS 和 $MnFe_2O_4$@rGO/PMS 体系降解金橙 Ⅱ 的动力学曲线
注：实验参数为［金橙 Ⅱ］＝ 0.020 g/L，［PMS］＝ 0.50 g/L，［$MnFe_2O_4$］＝ 0.050 g/L，
［$MnFe_2O_4$@rGO］＝0.050 g/L。

75.5 kJ/mol,如 Fe_2O_3 的活化能为 69.2 kJ/mol,$CoFe_2O_4@rGO$ 的活化能为 15.8 kJ/mol,Co_3O_4/SiO_2 的活化能为 61.7~75.5 kJ/mol,Co/活性炭的活化能为 59.7 kJ/mol。本研究制备的 $MnFe_2O_4@rGO$ 复合材料的活化能靠近上述活化能范围的下限,说明该非均相降解金橙Ⅱ反应能在较低能量下进行。实验结果表明 $MnFe_2O_4$/PMS 体系和 $MnFe_2O_4@rGO$/PMS 体系均能有效氧化降解有机污染物。

表 3-3 $MnFe_2O_4$/PMS 和 $MnFe_2O_4@rGO$/PMS 体系在不同温度条件下的实验结果

催化剂种类	T/℃	k_{obs}/min^{-1}	R^2 of k_{obs}	E_a/(kJ/mol)	R^2 of ΔE
$MnFe_2O_4$	25	0.012	0.999	31.7	0.983
	35	0.021	0.998		
	45	0.027	0.996		
	55	0.037	0.994		
	65	0.059	0.998		
$MnFe_2O_4@rGO$	25	0.019	0.997	25.7	0.979
	35	0.024	0.996		
	45	0.031	0.990		
	55	0.046	0.987		
	65	0.063	0.995		

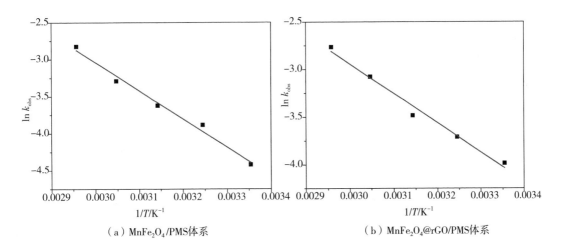

（a）$MnFe_2O_4$/PMS体系   （b）$MnFe_2O_4@rGO$/PMS体系

图 3-49 不同反应温度下阿仑尼乌斯曲线

注:实验参数为[金橙Ⅱ] = 0.020 g/L,[PMS] = 0.50 g/L,[$MnFe_2O_4$] = 0.050 g/L,[$MnFe_2O_4@rGO$] = 0.050 g/L。

催化剂的可再生利用性能对其实际应用至关重要。为了评估 $MnFe_2O_4$ 和 $MnFe_2O_4@rGO$ 复合材料在 PMS 氧化体系中的稳定性,将催化剂重复回收循环降解金橙Ⅱ,$MnFe_2O_4$ 和 $MnFe_2O_4@rGO$ 复合材料催化降解金橙Ⅱ的循环利用情况如图 3-50 所示。从图中可以看出,回收的催化剂对金橙Ⅱ仍有很强的降解效果,在 5 次循环后催化性能基本保持不变。

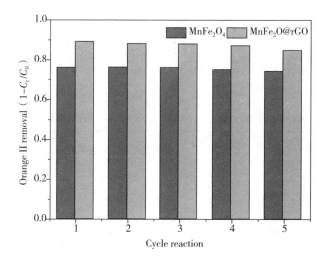

图 3-50　MnFe$_2$O$_4$ 和 MnFe$_2$O$_4$@rGO 复合材料催化降解金橙 II 的循环利用情况

注:实验参数为[金橙II] = 0.020 g/L,[PMS] = 0.50 g/L,

[MnFe$_2$O$_4$] = 0.050 g/L,[MnFe$_2$O$_4$@rGO]=0.050 g/L,T=25 ℃。

催化氧化过程可能使复合材料失活,因此,研究反应后复合材料表面化学性质显得尤为重要。通过 XPS 表征了 MnFe$_2$O$_4$@rGO 复合材料在反应前后的表面特征(见图 3-51)。图 3-51(b)为 Mn 2p XPS 图,图中结合能为 642.2 eV 和 653.2 eV 处的拟合峰分别对应于 Mn 2p$_{3/2}$ 和 Mn 2p$_{1/2}$,证明了 MnFe$_2$O$_4$@rGO 复合材料表面存在 Mn^{2+}。图 3-51(c)为 Fe 2p XPS 图,图中结合能为 711.5 eV 和 725.1 eV 处的两主峰分别对应于 Fe 2p$_{3/2}$ 和 Fe 2p$_{1/2}$,两个伴峰则表明 Fe 元素只以 Fe^{3+} 形式存在。

在催化反应后,各谱图出峰位置以及积分面积均有所变化,说明催化剂表面元素存在混合价态。通过积分面积比计算出 Mn(Ⅲ)占 Mn 元素的 41% 和 Fe(Ⅱ)占 Fe 元素的 42%。由此得出反应过程中 Mn(Ⅱ)和 Fe(Ⅲ)部分向 Mn(Ⅲ)和 Fe(Ⅱ)转化,也证明了 MnFe$_2$O$_4$ 纳米颗粒表面 Mn(Ⅱ)/Mn(Ⅲ)和 Fe(Ⅲ)/Fe(Ⅱ)氧化还原电对参与了活化 PMS 降解金橙II的反应。

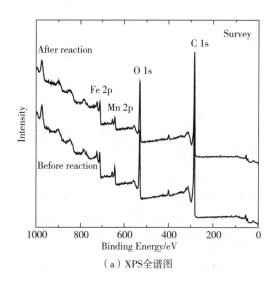

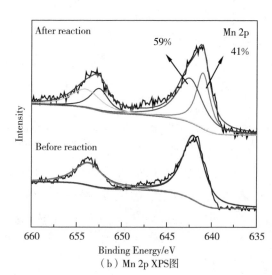

（a）XPS全谱图　　　　　　（b）Mn 2p XPS图

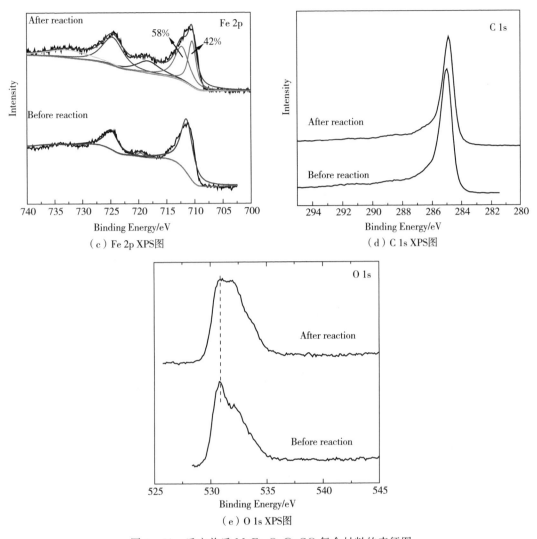

图 3-51　反应前后 MnFe₂O₄@rGO 复合材料的表征图

　　图 3-51(d)为 C 1s XPS 图,图中结合能为 284.8 eV 处的 C 1s 峰对应于石墨烯中的碳元素,这与 XRD 和拉曼光谱表征结果相一致。图 3-51(e)为 O 1s XPS 图,图中结合能为 529.9～530.3 eV 的特征峰对应于 MnFe₂O₄ 中的 O 元素;结合能为 531～532 eV 的特征峰对应于 rGO 片层上化学吸附的含氧官能团(如—OH 和—COOH 等)以及 O—MnFe₂O₄ 界面结合结构中的 O 元素。MnFe₂O₄@rGO 表面化学吸附的含氧官能团具有很强活性,在氧化过程中发挥着重要作用。MnFe₂O₄ 和 MnFe₂O₄@rGO 复合材料可有效进行磁回收,说明两种催化剂不溶于水,可用于水治理领域。

3.5.4　MnFe₂O₄@rGO 复合材料催化反应机理研究

　　众多研究发现,活性 SO_4^- · 在有机化合物氧化过程中发挥着重要作用。通过 PMS 将 $M^{(n+1)+}$ 还原为 M^{n+} 是热力学可行的。通过水分子解离,吸附在 MnFe₂O₄ 表面的羟基(—OH)能与表面≡Mn(Ⅱ)相结合。MnFe₂O₄ 表面的≡Mn(Ⅱ)与 PMS 作用能产生表面吸附

的 $SO_4^- \cdot$ 和 $\equiv Mn(III)$,如式(3-17)。形成的 $\equiv Mn(III)$ 同样可与 PMS 反应而被还原为 $\equiv Mn(II)$,如式(3-18)。类似地,$\equiv Fe(II)$ 与 PMS 作用能产生表面吸附的 $SO_4^- \cdot$ 和 $\equiv Fe(III)$,式(3-19)。形成的 $\equiv Fe(III)$ 同样可与 PMS 反应得到 $\equiv Fe(II)$,如式(3-20)。$\equiv Mn(II)/\equiv Mn(III)$ 和 $Fe(II)/\equiv Fe(III)$ 作为氧化还原电对活化 PMS 产生 $SO_4^- \cdot$ 过程可归类为类 Fenton 反应。

$$\equiv Mn(II)-^-OH+HSO_5^- \longrightarrow \equiv Mn(III)-^-OH+SO_4^- \cdot +OH^- \qquad (3-17)$$

$$\equiv Mn(III)-^-OH+HSO_5^- \longrightarrow \equiv Mn(II)-^-OH+SO_5^- \cdot +H^+ \qquad (3-18)$$

$$\equiv Fe(II)-^-OH+HSO_5^- \longrightarrow \equiv Fe(III)-^-OH+SO_4^- \cdot +OH^- \qquad (3-19)$$

$$\equiv Fe(III)-^-OH+HSO_5^- \longrightarrow \equiv Fe(II)-^-OH+SO_5^- \cdot +H^+ \qquad (3-20)$$

因此,氧化还原电对可循环再生直到 PMS 耗尽。最终由 $SO_4^- \cdot$ 矿化降解有机污染物,如式(3-21)。$MnFe_2O_4@rGO$ 复合材料活化 PMS 产生 $SO_4^- \cdot$ 的反应机理图如图 3-52 所示。

$$SO_4^- \cdot +Organic\ pollutants \longrightarrow [\cdots many\ steps \cdots] \longrightarrow CO_2+H_2O \qquad (3-21)$$

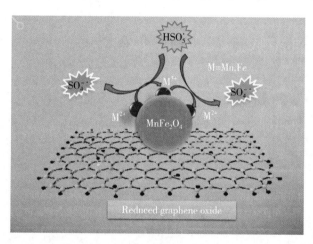

图 3-52　$MnFe_2O_4@rGO$ 复合材料活化 PMS 产生 $SO_4^- \cdot$ 的反应机理图

3.5.5　小结

本节采用化学还原沉积法成功制备了用于活化 PMS 氧化降解水中各类有机污染物的磁性 $MnFe_2O_4$ 纳米颗粒和 $MnFe_2O_4@rGO$ 复合材料。研究表明,$MnFe_2O_4$ 纳米颗粒和 $MnFe_2O_4@rGO$ 复合材料均能高效活化 PMS 产生 $SO_4^- \cdot$ 来降解有机染料(甲基紫、甲基橙、亚甲基蓝、金橙 II 和罗丹明 B),而且可通过磁分离进行无损失回收。同时研究了降解过程反应的动力学,包括不同阴离子(Cl^-、HCO_3^-、CH_3COO^- 和 NO_3^-)、Cl^- 浓度与反应温度(25～65 ℃)对降解金橙 II 的影响,复合材料的稳定性以及催化反应机理。$MnFe_2O_4@rGO$ 复合材料的活化能为 25.7 kJ/mol,比 $MnFe_2O_4$(31.7 kJ/mol)更低,这对前者比后者催化性能更好做出了解释,阐明了石墨烯在强化染料降解过程中发挥着重要作用。而且制备的 $MnFe_2O_4$ 纳米颗粒和 $MnFe_2O_4@rGO$ 复合材料易于回收,在循环降解染料过程中能保持稳定的催化活性,可作为良好的催化材料应用于环境净化领域。

3.6　$ZnFe_2O_4@rGO$ 复合材料的制备及其可见光-类 Fenton 光催化性能研究

3.6.1　$ZnFe_2O_4@rGO$ 复合材料的制备

$ZnFe_2O_4@rGO$ 复合材料的制备:称取 0.6 g 氧化石墨粉末置于 500 mL 烧杯中,加入 250 mL 去离子水进行超声分散处理,经过 60 min 超声处理后得到较为分散的氧化石墨悬浊液。随后将 2.01 g $Fe(NO_3)_3 \cdot 9H_2O$ 和 0.74 g $Zn(NO_3)_2 \cdot 6H_2O$ 溶解在 20 mL 的去离子水中,所用原料按照磁性 $ZnFe_2O_4$ 分子中 Fe^{3+} 和 Zn^{2+} 物质的量比为 2 ∶ 1 进行称取。将上述溶液混合均匀后缓慢加入氧化石墨悬浊液中,将混合后的溶液磁力搅拌 1 h,使 Fe^{3+} 和 Zn^{2+} 可以充分地吸附在氧化石墨烯表面。在磁力搅拌下,向溶液中缓慢滴加氨水溶液(质量分数为 28%)调节 pH 至 10.0 以上,再持续搅拌反应 1 h。随后向溶液中加入 10 mL 水合肼还原剂,同时升温至 80 ℃ 磁力搅拌反应 4 h。反应结束后将反应产物进行离心沉降回收,并用乙醇和去离子水多次清洗,再将产物于 60 ℃ 下干燥、研磨处理即可得到 $ZnFe_2O_4$ @rGO 复合材料。

为了比较 $ZnFe_2O_4@rGO$ 复合材料与 $ZnFe_2O_4$ 纳米颗粒、rGO 的催化性能差异,采用相同的方法制备出 $ZnFe_2O_4$ 纳米颗粒和 rGO,在这一制备过程中无须添加石墨粉或 $Fe(NO_3)_3 \cdot 9H_2O$ 与 $Zn(NO_3)_2 \cdot 6H_2O$ 的混合溶液。最后,将得到的产物全部放在鼓风干燥箱中保存以便接下来的实验使用。

$ZnFe_2O_4@rGO$ 复合材料的合成路线图如图 3-53 所示。

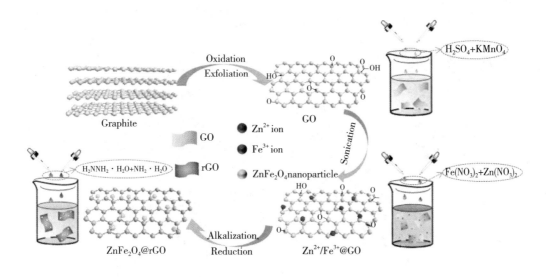

图 3-53　$ZnFe_2O_4@rGO$ 复合材料的合成路线图

3.6.2　ZnFe$_2$O$_4$@rGO 复合材料的表征

ZnFe$_2$O$_4$ 纳米颗粒和 ZnFe$_2$O$_4$@rGO 复合材料的表征图如图 3-54 所示。ZnFe$_2$O$_4$ 纳米颗粒呈球形,同时也发生了较为严重的团聚情况[见图 3-54(a)]。结合图 3-54(b)对比可以看出,ZnFe$_2$O$_4$@rGO 复合材料中的 ZnFe$_2$O$_4$ 纳米颗粒粒径为24 nm左右,并且颗粒比较分散,这说明 ZnFe$_2$O$_4$ 纳米颗粒和 rGO 片层之间能够紧密结合,很好地限制了晶体 ZnFe$_2$O$_4$ 纳米颗粒发生严重的团聚。图 3-54(c)和(d)为 ZnFe$_2$O$_4$@rGO 复合材料的 TEM 照片,TEM 照片进一步证实了材料紧密结合的杂化结构,从照片中可以看出ZnFe$_2$O$_4$ 纳米颗粒沉积在巨大的 rGO 片层表面。在高倍透射电镜下可以很清晰地观察到 rGO 片层和 ZnFe$_2$O$_4$ 纳米颗粒的边缘。材料高效的催化活性可以认为是石墨烯片层巨大的比表面积为反应提供了大量的催化活性位点。基于 TEM 照片可以证实 ZnFe$_2$O$_4$ 纳米颗粒与 rGO 片层之间紧密结合使得电子能够在两者之间高速传输,从而确保了复合材料具有很高的化学催化活性。图 3-54(d)中的插图为 ZnFe$_2$O$_4$@rGO 复合材料的 EDS 图,其也证实了 ZnFe$_2$O$_4$@rGO 复合材料的组成,从插图中可以看出,在 rGO 片层上检测到了 Zn、Fe、O、C、Cu 和 Si 等元素,其中 Cu 和 Si 的峰来源于检测 TEM 所使用的铜网。

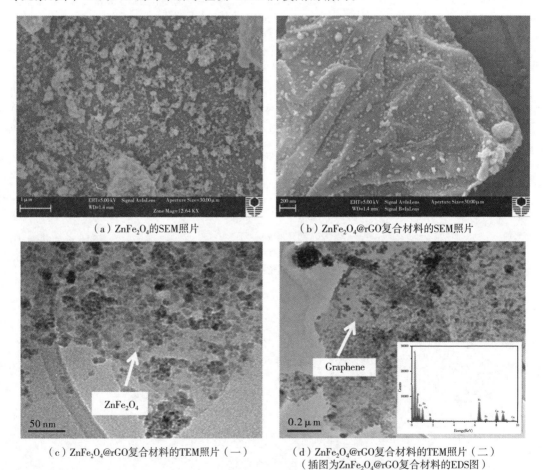

（a）ZnFe$_2$O$_4$的SEM照片　　　　　　　（b）ZnFe$_2$O$_4$@rGO复合材料的SEM照片

（c）ZnFe$_2$O$_4$@rGO复合材料的TEM照片（一）　　　（d）ZnFe$_2$O$_4$@rGO复合材料的TEM照片（二）
　　　　　　　　　　　　　　　　　　　（插图为ZnFe$_2$O$_4$@rGO复合材料的EDS图）

图 3-54　ZnFe$_2$O$_4$ 和 ZnFe$_2$O$_4$@rGO 复合材料的表征图

　　ZnFe$_2$O$_4$ 纳米颗粒和 ZnFe$_2$O$_4$@rGO 复合材料的 XRD 图如图 3 - 55 所示,可以看出几乎所有的衍射峰都能与尖晶石 ZnFe$_2$O$_4$(JCPDS,22 - 1012)完全吻合。2θ 值为 18.3°、30.1°、35.3°、43.0°、53.5°、56.3° 以及 62.4° 分别对应着尖晶石 ZnFe$_2$O$_4$ 的(111)晶面、(220)晶面、(311)晶面、(400)晶面、(422)晶面、(511)晶面以及(400)晶面。ZnFe$_2$O$_4$@rGO 复合材料的 XRD 图与 ZnFe$_2$O$_4$ 纳米颗粒基本相同,但 ZnFe$_2$O$_4$@rGO 复合材料在 2θ 值为 24.5°～27.5° 有一个微弱并且较宽的特征峰,通过比对可以认为是 rGO 片层(002)晶面的一个无序堆积。在这两个样品中 XRD 都未检测到其他杂质,说明该材料纯度较高,这些表征结果也证明了合成的复合材料是由无序堆积的 rGO 和尖晶石 ZnFe$_2$O$_4$ 杂化而成。通过计算可得 ZnFe$_2$O$_4$ 纳米颗粒晶粒尺寸为 27.0 nm,其尺寸要大于复合材料中 ZnFe$_2$O$_4$ 的尺寸(23.7 nm),这表明 rGO 片层在反应液中能够影响 ZnFe$_2$O$_4$ 纳米颗粒结晶成型。

　　拉曼光谱分析是表征氧化石墨及其复合物等碳材料的有效手段之一,其可以在无损的情况下区分有序和无序的晶体结构。拉曼光谱图中的 D 峰是由材料平面内的伸缩振动产生的,G 峰是由无序引发的空间振动产生的(碳的缺失、无定型碳等)。对于碳材料,可以用 D 峰和 G 峰的强度比值(I_D/I_G)说明材料无序度高低以及石墨材料 sp^2 杂化的平均尺寸。图 3 - 56 为 ZnFe$_2$O$_4$@rGO 复合材料的拉曼光谱图,在拉曼位移为 1317 cm^{-1} 和拉曼位移为 1569 cm^{-1} 处分别为石墨烯的 D 峰和 G 峰。此外,在拉曼位移为 2674 cm^{-1} 处可以观察到二维片层衍射峰,进一步证明了在复合材料中存在 rGO 片层。在拉曼位移为 100～1000 cm^{-1} 区域内产生的峰都可以归结为尖晶石相 ZnFe$_2$O$_4$ 形成的。此外复合材料的 I_D/I_G 为 0.90,说明在 rGO 片层的 sp^2 碳层中存在着局部的 sp^3 内部缺陷杂化。

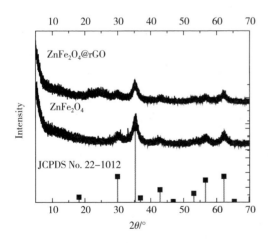

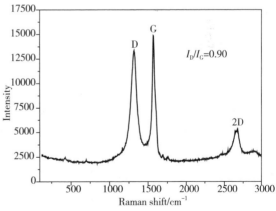

图 3 - 55　ZnFe$_2$O$_4$ 纳米颗粒和
ZnFe$_2$O$_4$@rGO 复合材料的 XRD 图

图 3 - 56　ZnFe$_2$O$_4$@rGO 复合材料的拉曼光谱图

　　采用 TG - DSC 热重分析技术在空气流和氩气流环境下对复合材料的热稳定性进行了测试分析,ZnFe$_2$O$_4$@rGO 复合材料在空气和氩气氛围下的 TG - DSC 曲线如图 3 - 57 所示。从图中可以看出在空气中煅烧处理在 20～120 ℃ 和 250～600 ℃ 处有两个很明显的重量损失,分别对应的是 rGO 中吸附水的损失和 rGO 碳材料燃烧损失,此外在 DSC 分析中可以观察到在 512.7 ℃ 处有一个很强的放热峰。然而在氩气氛围下,复合材料表现出很高的热稳定性,即使温度升高至 800 ℃,全程也只有轻微的重量损失,并且没有出现明显的放热峰。这与前人在氩气环境下研究 rGO 热稳定性的结果相同。通过复合材料的质量损失可以推算出大约有 60% 的金属氧化物附着在 rGO 表面。

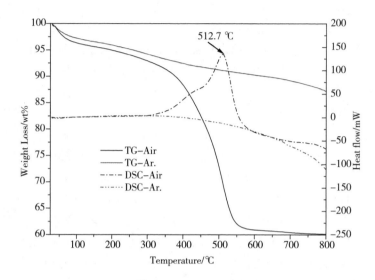

图 3 - 57 $ZnFe_2O_4$@rGO 复合材料在空气和氩气氛围下的 TG - DSC 曲线

通常在强氧化性环境中,尖晶石型化合物可能被氧化成单个金属氧化物从而导致材料剥离,降低催化剂活性甚至导致催化剂失活,因此有必要检测氧化反应前后催化剂表面元素状态。利用 XPS 分析 $ZnFe_2O_4$@rGO 复合材料光催化反应前后材料表面化学键状态,检测 Fe 2p、Zn 2p、O 1s 和 C 1s 光谱,并以 C 1s 的峰值(284.8 eV)为标准对其他元素的结合能进行校正。$ZnFe_2O_4$@rGO 复合材料催化反应前后的 XPS 图如图 3 - 58 所示,其中 C 1s 的峰与石墨烯中的游离碳有关,反应前后峰位置都在 284.8 eV,该研究结果与 XRD、拉曼光谱表征结果相吻合。图 3 - 58(b)中,结合能为 1045 eV 和 1022 eV 处有两个明显的峰,分别对应于 Zn $2p_{1/2}$ 和 Zn $2p_{3/2}$,并且在反应前后该峰没有发生明显的偏移,表明锌元素在样品表面主要以 Zn^{2+} 的形式存在。此外,反应前后两个样品的主峰强度几乎相同,这说明即使存在氧化剂以及光照催化反应后材料表面元素都没有发生明显变化。图 3 - 58(c)中,反应前 $ZnFe_2O_4$ 的 Fe $2p_{3/2}$ 峰的结合能为 712.08 eV,同时结合能为 725.78 eV 处有一个微弱的卫星峰,反应后 Fe $2p_{3/2}$ 峰的结合能为 712.18 eV,同时结合能为 725.78 eV 处有一个微弱的卫星峰。尽管反应后样品的 Fe $2p_{3/2}$ 主峰向高结合能方向移动,但是反应前后主峰和卫星峰的峰型都很相似,表明铁元素反应前后没有发生明显变化,都是以 Fe^{3+} 的形式存在。图 3 - 58(d)中,结合能为 529.9~530.3 eV 的峰对应的是 $ZnFe_2O_4$ 纳米颗粒中的氧,结合能为 531.5 eV 的峰属于 rGO 的碳原子通过化学吸附结合的氧,复合材料表面化学吸附的氧活性高,在氧化反应过程中具有重要作用。通过分析 XPS 数据,可以看出该复合材料在反应前后材料表面成分只发生了微弱变化,说明 $ZnFe_2O_4$@rGO 复合材料在整个可见光-类 Fenton 光催化反应过程中保持着很高的稳定性。

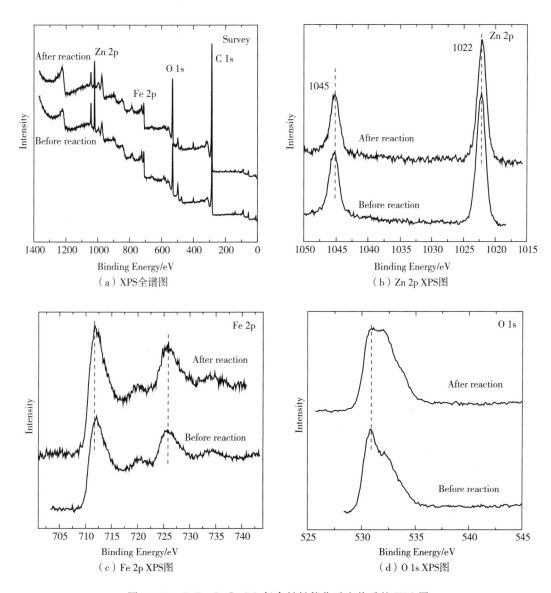

（a）XPS全谱图

（b）Zn 2p XPS图

（c）Fe 2p XPS图

（d）O 1s XPS图

图 3-58 $ZnFe_2O_4$@rGO 复合材料催化反应前后的 XPS 图

3.6.3 $ZnFe_2O_4$@rGO 复合材料的催化性能评价

为了研究 $ZnFe_2O_4$@rGO 复合材料的可见光催化降解有机污染物的活性，选用工业应用中具有代表性的有机染料之一的金橙Ⅱ作为光催化研究的有机污染物。在催化活性评价过程中，比较了一系列催化材料的非均相类 Fenton 催化反应和光催化反应效果。图 3-59 为不同催化材料反应体系下金橙Ⅱ的降解曲线，从图中可以看出，金橙Ⅱ在不同催化体系光催化矿化的速率大小顺序为 $ZnFe_2O_4$@rGO/PMS/Vis＞$ZnFe_2O_4$/PMS/Vis＞$ZnFe_2O_4$/Vis＞PMS/Vis；$ZnFe_2O_4$@rGO/PMS/Vis＞$ZnFe_2O_4$@rGO/PMS＞$ZnFe_2O_4$@rGO/Vis。在没有催化剂和 PMS 的反应体系中，金橙Ⅱ浓度始终保持不变，说明金橙Ⅱ具有较为优异的光照稳定性。在没有添加 PMS 氧化剂时,$ZnFe_2O_4@rGO$ 和 $ZnFe_2O_4$ 催化剂吸附染料达到平衡后光催化效率很低,表明 $ZnFe_2O_4@rGO$ 和 $ZnFe_2O_4$ 仅仅在光照下并不能很好地降解金橙 II 染料。而在没有催化剂条件下,PMS/Vis 可催化降解 22% 的金橙 II 溶液。其中在 $ZnFe_2O_4@rGO$/PMS 光催化体系中,150 min 内可彻底降解金橙 II,染料溶液颜色因复合材料和 $SO_4^- \cdot$ 的共同催化氧化作用而逐渐变浅,说明催化反应破坏了染料的发色基团。

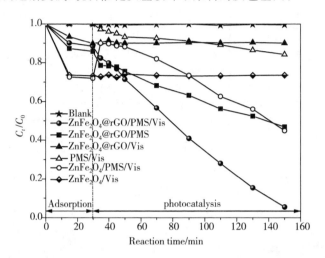

图 3-59　不同催化材料反应体系下金橙 II 的降解曲线

对于 $ZnFe_2O_4$/PMS/Vis 催化体系,在 30 min 的黑暗吸附过程中,金橙 II 溶液浓度降低较多,说明 $ZnFe_2O_4$ 纳米颗粒对金橙 II 具有很强的吸附能力。吸附达到平衡后添加 PMS 并开启灯光进行光照,吸附和可见光-类 Fenton 催化同时进行。其中在催化反应进行的前 40 min,材料对染料的解吸作用使得金橙 II 浓度反增到最大值,随后由于催化剂的催化降解效果,溶液中染料的浓度再次下降。在相同反应条件下,$ZnFe_2O_4$ 纳米颗粒催化降解染料的能力更低,相同时间仅矿化降解 81.5% 的金橙 II。实验数据表明 $ZnFe_2O_4@rGO$ 复合材料与 $ZnFe_2O_4$ 纳米颗粒和 rGO 仅光照催化降解染料的速率相差较小,在添加 PMS 和光照条件下分别引入氧化反应和光催化反应可加速材料对染料的矿化效率。结合 $ZnFe_2O_4$ 与 rGO 杂化的协同作用,提高反应产生的电子-空穴对的转移,同时 rGO 巨大的比表面积也提供了更多的化学反应活性位点,该研究结果与 $ZnFe_2O_4@rGO$/H_2O_2/Vis 反应体系的研究结果相吻合。

为了进一步阐明 $ZnFe_2O_4@rGO$ 复合材料在光照条件下催化降解金橙 II 的过程中对染料发色基团分子的破坏,对不同光照时间下的染料溶液进行 UV-Vis 光谱测定(见图 3-60)。图 3-60 中 484 nm 处有个最大吸收峰,对应的是偶氮化合物的 n—p* 振动,310 nm 处的吸收峰主要是奈环的 p—p* 振动。通过实验数据可以很明显地看出,经过 150 min 光照催化反应,紫外-可见全光谱中的峰值随着染料被催化矿化,待测液吸收峰强度逐渐降低直至消失,这主要是因为生色的偶氮基团被氧化破坏。此外由于高效的催化矿化作用,在 310 nm 处同样出现吸光度减小的情况,该处吸光度降低是由染料分子中的芳香族基团被裂解后浸入了材料内部所致。另外,由于铁酸锌具有优异的铁磁性,因此该复合材料能够通过外加磁场的方法轻易地实现固液高效分离。

在相同反应条件下研究了 $ZnFe_2O_4@rGO$ 复合材料对不同染料的催化矿化效果(见图

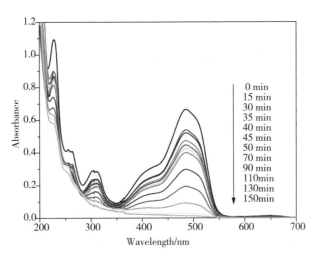

图3-60 ZnFe₂O₄@rGO/PMS/Vis催化体系降解金橙Ⅱ的UV-Vis光谱图

3-61)。相对于其他染料,该催化材料对金橙Ⅱ的降解速率最低,几种染料的降解顺序为甲基橙>甲基紫>亚基蓝>罗丹明B>金橙Ⅱ。该研究结果表明大多数有机污染物在ZnFe₂O₄@rGO/PMS/Vis可见光-类Fenton催化体系中都能被高效降解,同时也说明ZnFe₂O₄@rGO复合材料对有机污染物具有很高的催化氧化能力。

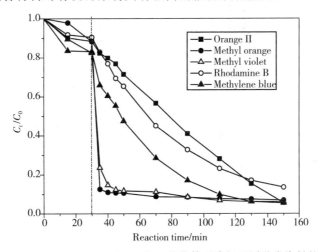

图3-61 ZnFe₂O₄@rGO/PMS/Vis催化体系降解不同种类染料的曲线

通常需要处理的有机废水中都会存在多种盐,本节还研究了几种阴离子(Cl^-、NO_3^-、CO_3^{2-}、CH_3COO^-、HCO_3^-)对材料催化降解金橙Ⅱ溶液性能的影响。还对ZnFe₂O₄@rGO/PMS/Vis可见光-类Fenton催化体系中的Cl^-浓度进行了研究(见图3-62)。研究发现随着溶液中Cl^-含量的增加,复合材料矿化降解有机污染物的速率也在增加。催化降解95%的无NaCl的金橙Ⅱ溶液需要150 min,而当NaCl浓度为0.5 mol/L时降解等量的金橙Ⅱ只需要35 min。此外,也对其他阴离子性能进行了实验及对比(见图3-63)。有金属盐存在的反应体系都可有效促进金橙Ⅱ的矿化分解,其顺序为CO_3^{2-}>HCO_3^->Cl^->CH_3COO^->NO_3^-。在反应过程中有两种可能导致非金属离子能够提高光催化反应速率的情况,一种是非金属离子改变了反应媒介中的离子结合强度,另一种是非金属离子影响了复合材料的催化活性。已有研究者通过反应机理报道了 Cl^-、CO_3^{2-}、CH_3COO^-、HCO_3^- 对高级氧化活性物质具有一定的抑制作用,通过式(3-22)~式(3-27)可以认为这些阴离子能够作为 $SO_4^- \cdot$ 的捕捉剂。

$$SO_4^- \cdot + Cl^- \longrightarrow SO_4^{2-} + Cl \cdot \qquad (3-22)$$

$$Cl \cdot + Cl^- \longrightarrow Cl_2^- \cdot \qquad (3-23)$$

$$SO_4^- \cdot + HCO_3^- \longrightarrow SO_4^{2-} + HCO_3 \cdot \qquad (3-24)$$

$$HCO_3 \cdot \longrightarrow H^+ + CO_3^- \cdot \qquad (3-25)$$

$$SO_4^- \cdot + CO_3^{2-} \longrightarrow SO_4^{2-} + CO_3^- \cdot \qquad (3-26)$$

$$SO_4^- \cdot + CH_3COO^- \longrightarrow SO_4^{2-} + CH_3COO \cdot \qquad (3-27)$$

然而在本节研究中发现,这些离子都对催化反应起到了一定的促进作用,多次重复实验证实,离子对催化反应不完全是起抑制作用的。此外,增加溶液中的 Cl^- 的初始浓度会提高催化剂对金橙Ⅱ的矿化速率,这与溶液中的离子强度有极大的关联。

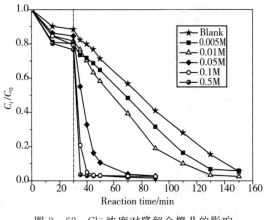
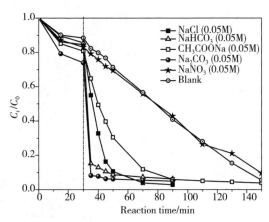

图3-62　Cl^-浓度对降解金橙Ⅱ的影响　　　　图3-63　阴离子种类对降解金橙Ⅱ的影响

从图3-62和图3-63可以看出,在有无机盐存在的溶液体系中,复合材料对金橙Ⅱ的吸附能力有显著提升,并且离子浓度越高,材料吸附能力越强,这是由于溶液中的离子促进了材料对染料和活性自由基的吸附。Yuan等的研究成果表明在Co/PMS高级氧化体系中降解偶氮染料,氯化物表现出双面影响,既有促进作用也有抑制作用,同时他们研究发现,氯化物的浓度较高时(大于5 mmol/L)可提高染料的降解速率,这一研究现象与我们的研究结果较为相似。

众所周知,催化材料的稳定性是评价催化剂性能优劣的一个重要标志。在本节中对 $ZnFe_2O_4@rGO$ 复合材料的稳定性进行了研究,具体的实验步骤:将复合材料在相同的催化体系中催化降解金橙Ⅱ溶液,反应结束后,采用磁分离的方法将复合材料和水体溶液进行分离,$ZnFe_2O_4@rGO$ 复合材料用乙醇和去离子水多次清洗,并进行干燥处理。将处理后的 $ZnFe_2O_4@rGO$ 复合材料在相同催化反应体系中再进行一次光催化实验并记录实验数据,以此类推进行 5 次循环实验,ZnFe$_2$O$_4$@rGO 复合材料催化降解金橙 Ⅱ 的循环利用情况如图 3-64 所示。从图中数据可以看出,经过 5 次循环后的复合材料催化降解金橙 Ⅱ 的效果并没有发生明显的降低,这表明 ZnFe$_2$O$_4$@rGO 复合材料具有很强的催化稳定性,能够多次循环重复使用。此外,XPS 检测结果表明反应前后催化剂的表面组成基本相同也证实了 ZnFe$_2$O$_4$@rGO 复合材料具有很好的稳定性;多次重复降解有机污染物后,催化材料依然能够保持较高的催化活性,也证实了复合材料具有较高的结构稳定性。

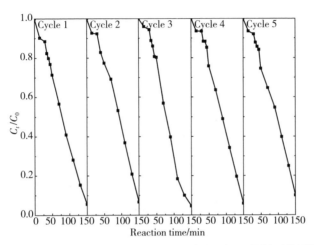

图 3-64 ZnFe$_2$O$_4$@rGO 复合材料催化降解金橙 Ⅱ 的循环利用情况

3.6.4 ZnFe$_2$O$_4$@rGO 复合材料催化反应机理研究

根据已有的研究可以认为在光照激发下,ZnFe$_2$O$_4$ 和 rGO 的协同作用能使得催化剂具有较高的催化活性和优异的磁分离属性。图 3-65 为 ZnFe$_2$O$_4$@rGO/PMS/Vis 催化体系降解金橙 Ⅱ 的反应机理图,其中 ZnFe$_2$O$_4$ 具有较窄的带隙能(1.9 eV),可以在可见光(λ 大于 420 nm,2.95 eV)的能量下激发,诱导产生电子-空穴对,如式(3-28)。此外由于石墨烯的导带电位(CB)要比 ZnFe$_2$O$_4$ 导带电位高,所以 ZnFe$_2$O$_4$ 产生的光生电子通过两材料的异质结传输到 rGO 片层上,如式(3-29)和式(3-30)。电子转移到 rGO 上,则在 ZnFe$_2$O$_4$ 的价带上产生光生空穴,因此可以认为经过复合材料间异质结结构实现了光生电子-空穴对的高效分离。产生的一部分光生空穴会和吸附在材料表面的金橙 Ⅱ 染料分子直接进行反应生成 Orange Ⅱ$^+$·,进一步矿化为 H$_2$O 和 CO$_2$ 等无机物如式(3-31)。同时光照激发 PMS 产生了 SO$_4^-$· 和 HO· 如式(3-32)。

$$ZnFe_2O_4 + h\nu \longrightarrow ZnFe_2O_4(h+e) \tag{3-28}$$

$$ZnFe_2O_4(e) + graphene \longrightarrow graphene(e) \tag{3-29}$$

$$graphene(e) + HSO_5^- \longrightarrow SO_4^- · + OH^- \tag{3-30}$$

$$ZnFe_2O_4(h) + Orange\ Ⅱ \longrightarrow (Orange\ Ⅱ)^+ · \longrightarrow CO_2 + H_2O \tag{3-31}$$

$$HSO_5^- + h\nu \longrightarrow SO_4^- · + HO · \tag{3-32}$$

相比于纯 ZnFe$_2$O$_4$ 纳米材料,ZnFe$_2$O$_4$@rGO 复合材料对多种有机污染物都表现出较

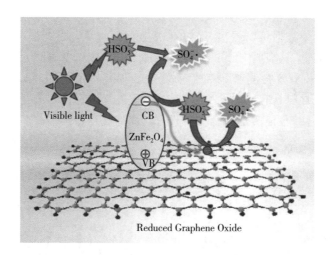

图 3 - 65　$ZnFe_2O_4$@rGO/PMS/Vis 催化体系降解金橙 Ⅱ 的反应机理图

高的光催化降解活性,其优良性质主要由复合材料的结构决定。首先,石墨烯片层巨大的比表面积为吸附染料提供了众多的吸附位点,同时也提供了光催化反应活性位点。其次,由于石墨烯具有很好的导电性,杂化材料可以作为很好的光生电子接受体,因此 $ZnFe_2O_4$ 导带的光生电子能够很容易地迁移到石墨烯片层上,同时光生电子存活的时间也大大提升。传输到石墨烯片层上的电子迅速形成一种特殊共轭结构,因此 $ZnFe_2O_4$ 导带上的光生电子会不断地传输到石墨烯片层上,实现更多的电子-空穴分离,从而防止电荷重新复合淬灭,同时也提高了复合材料的催化活性和稳定性。此外,石墨烯在复合材料中不仅是载体,同样也是催化剂,它可以激活 PMS 产生 SO_4^- • ,从而提高材料的催化性能。

在这个催化降解反应过程中,SO_4^- • 是降解金橙 Ⅱ 的主要也是最直接的自由基。通过以上分析,降解金橙 Ⅱ 染料的反应机理如式(3 - 33)。

$$SO_5^- \bullet + Orange\ Ⅱ \longrightarrow [\cdots many\ steps \cdots] \longrightarrow CO_2 + H_2O \qquad (3-33)$$

3.6.5　小结

本研究通过原位还原制备出磁性 $ZnFe_2O_4$@rGO 复合材料,采用 FESEM、TEM、EDS、XRD、FTIR、TG 以及拉曼光谱等表征手段对材料的表面形态进行了一系列表征,并将其在可见光-类 Fenton 催化体系中催化降解有机染料的性能进行评价。TEM 表征结果表明 $ZnFe_2O_4$@rGO 复合材料中的 $ZnFe_2O_4$ 纳米颗粒尺寸约为 23.7 nm,并紧紧嵌入 rGO 片层上。所制备的复合材料表现出很好的可见光-类 Fenton 催化性能以及易于实现固液分离的磁属性。此外该材料在可见光-类 Fenton 催化体系中经过 5 次循环处理有机染料后依旧具有很强的结构和性能稳定性。通过在相同条件下对比 $ZnFe_2O_4$ 纳米颗粒和 $ZnFe_2O_4$@rGO 复合材料的催化性能,认为 rGO 片层不仅能够分散 $ZnFe_2O_4$ 纳米颗粒,还能活化 PMS,并就反应机理进行了陈述。在阴离子种类和浓度不同的染料溶液中,$ZnFe_2O_4$@rGO 复合材料催化降解有机染料依旧表现出很高的催化活性,可广泛用于水体环境污染处理,相信其在环境应用领域是一种很有应用前景的催化材料。

第4章　基于石墨相氮化碳的复合材料的制备及其催化氧化性能研究

4.1　引　言

近年来,石墨相氮化碳($g\text{-}C_3N_4$)作为一种非金属可重复利用的可见光催化剂在环境修复方面表现出优异的催化性能。由于其具有硬度高、稳定性强和制备成本低等优良特性,因此成为光催化材料的首选。但是该材料具有较小的比表面积、有限的非定义域电导率和易快速复合的光生电子-空穴对等缺陷,这些缺陷限制了其在光催化反应方面的进一步应用。

MFe_2O_4($M=Cu$、Co、Zn)作为一种新型的半导体材料,与非金属材料 $g\text{-}C_3N_4$ 耦合形成异质结结构抑制光生电子-空穴对结合,提高载流子转移速率,增加催化活性。金属与非金属材料耦合制备生成的复合材料可以有效发挥二者的优势,同时还可弥补彼此的不足。与此同时,两种材料之间产生非均相异质结,一方面解决了 $g\text{-}C_3N_4$ 光生电子-空穴对快速结合的问题;另一方面解决了催化剂回收的问题,提高了催化剂的利用率从而降低了使用成本。复合材料具有磁性,易于与净化水分离,且溶液中铁离子的浸出度比较低,避免造成水体环境的二次污染。

本章主要介绍了基于石墨相氮化碳($g\text{-}C_3N_4$)的复合材料的制备、表征、性能评价以及催化反应机理研究。

4.2　$CoFe_2O_4@C_3N_4$复合材料的制备及其催化氧化性能研究

4.2.1　$CoFe_2O_4@C_3N_4$复合材料的制备

(1)$g\text{-}C_3N_4$纳米片的制备:①在坩埚中称取 4 份 5 g 三聚氰胺($C_3H_6N_6$),放入马弗炉中以2 ℃/min的升温速率升温至 550 ℃,恒温 4 h 后以 10 ℃/min 的降温速率降至室温,取出前驱体进行研磨;②将研磨好的材料盖上坩埚盖放入马弗炉中以 2 ℃/min 的升温速率升温至 500 ℃,恒温 2 h 后以 10 ℃/min 的降温速率冷却至室温,取出备用。

(2)$CoFe_2O_4$的制备:$Co(NO_3)_3 \cdot 6H_2O$ 和 $Fe(NO_3)_3 \cdot 9H_2O$ 分别溶于水中,PVP溶于乙二醇中,三者再混合,搅拌混匀,向混合溶液中逐滴(1 滴/s)添加 0.175 mol NaOH 溶液,持续搅拌 30 min。最后将混合溶液放入高压反应釜中进行 160 ℃水热反应 24 h。将产物用乙醇和去离子水分别清洗几次,烘干,即得 $CoFe_2O_4$ 纳米颗粒。

(3)$CoFe_2O_4@C_3N_4$复合材料的制备:将一定量的 $g\text{-}C_3N_4$ 纳米片和制备得到的 $CoFe_2O_4$ 纳米颗粒分别超声分散在甲醇(MeOH)中,再将二者混合搅拌,在恒温水浴锅中进行80 ℃回流 3 h。$g\text{-}C_3N_4$纳米片自发地覆盖在 $CoFe_2O_4$ 纳米颗粒上,从而获得最小的表面能量。合成的复合材料在 60 ℃烘干,备用。为了获得最佳催化效果,研究了不同质量比的 $CoFe_2O_4$ 和

g-C_3N_4 的复合材料,并分别命名为 $CoFe_2O_4@C_3N_4$(1:1)、$CoFe_2O_4@C_3N_4$(1:2)、$CoFe_2O_4@C_3N_4$(1:3)、$CoFe_2O_4@C_3N_4$(2:1)和 $CoFe_2O_4@C_3N_4$(3:1)。$CoFe_2O_4@C_3N_4$ 复合材料的合成路线图如图 4-1 所示。

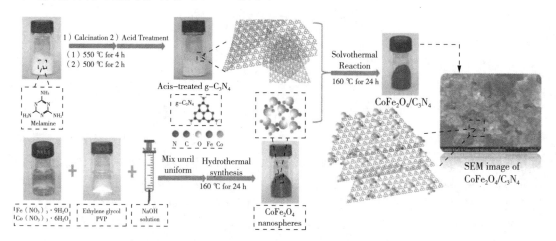

图 4-1　$CoFe_2O_4@C_3N_4$ 复合材料的合成路线图

4.2.2　$CoFe_2O_4@C_3N_4$ 复合材料的表征

采用 FESEM、TEM 和 EDS 等分析方法研究 g-C_3N_4、$CoFe_2O_4$ 纳米颗粒和 $CoFe_2O_4@C_3N_4$ 不同质量比杂化材料的微观结构,样品的微观表征图如图 4-2 所示。从图 4-2(a)可知,g-C_3N_4 是一种薄层不规则的纳米片状结构,类似于平面石墨烯结构。$CoFe_2O_4@C_3N_4$ 复合材料的形貌是由 $CoFe_2O_4$ 纳米颗粒在 g-C_3N_4 纳米片上凝聚形成一种可以促进光生载流子的传输而提高光催化活性的异质结构[见图 4-2(b)]。由 $CoFe_2O_4@C_3N_4$ 复合材料的 TEM 照片可以看出尺寸大小为 15～25 nm 的 $CoFe_2O_4$ 纳米颗粒裹附在 g-C_3N_4 纳米片上,且颗粒形貌由球形逐渐向立方晶形生长[见图 4-2(c)]。由于 $CoFe_2O_4$ 纳米颗粒表面附着了一层 PVP 从而限制了其晶形的生长[见图 4-2(d)]。通过高倍透射显微镜观察到 g-C_3N_4 纳米片上 $CoFe_2O_4$ 纳米颗粒的晶格条纹如图 4-2(e)所示,间距为 0.254 nm 和 0.290 nm 的晶格条纹分别对应于 $CoFe_2O_4$ 晶体的(311)晶面和(220)晶面,这一结果与 XRD 检测结果一致。相反,因为 g-C_3N_4 的结晶度不高,所以没有清晰的晶格条纹。由照片可以清楚地观察到两种材料的接触面,由此可知两种成分进行了很好的化学结合,所以 $CoFe_2O_4@C_3N_4$ 复合材料完全不同于两种材料的纯物理混合。由 EDS 图和元素分布图可以很直观地看到 g-C_3N_4 和 $CoFe_2O_4$ 两种材料很好地结合在一起,而且分布比较均匀[见图 4-2(f)和(g)]。由图 4-2(h)～(l)可以清晰地观察到 $CoFe_2O_4@C_3N_4$ 复合材料中 N、C、O、Fe、Co 五种元素的元素分布情况。

图 4-3 为不同催化剂的 XRD 图。$CoFe_2O_4$ 纳米颗粒具有立方晶型结构(JCPD,22-1086),在 2θ 为 18.2°、30.1°、35.4°、43.1°、57.0°和 62.6°的特征峰对应的晶面分别为(111)、(220)、(311)、(400)、(511)和(440),而 g-C_3N_4 纳米片只有一个在 2θ 为 27.7°处的特征峰,是芳香烃的层状堆叠作用的结果,表示的是 g-C_3N_4 的(002)晶面。不同质量比的复合材料的 XRD 含有类 g-C_3N_4 和 $CoFe_2O_4$ 的全部特征峰,且随着 g-C_3N_4 含量的增加,g-C_3N_4

特征峰的强度在增大。由此可以看出复合材料包含g－C₃N₄和CoFe₂O₄两种成分。

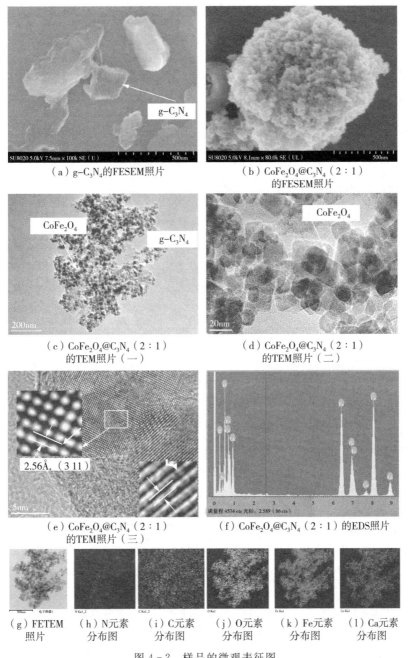

（a）g-C₃N₄的FESEM照片

（b）CoFe₂O₄@C₃N₄（2∶1）
的FESEM照片

（c）CoFe₂O₄@C₃N₄（2∶1）
的TEM照片（一）

（d）CoFe₂O₄@C₃N₄（2∶1）
的TEM照片（二）

（e）CoFe₂O₄@C₃N₄（2∶1）
的TEM照片（三）

（f）CoFe₂O₄@C₃N₄（2∶1）的EDS照片

（g）FETEM
照片

（h）N元素
分布图

（i）C元素
分布图

（j）O元素
分布图

（k）Fe元素
分布图

（l）Ca元素
分布图

图4-2 样品的微观表征图

图4-4为不同催化剂的FTIR图。g－C₃N₄的FTIR光谱中波数为$1200\sim1700\ \mathrm{cm^{-1}}$的宽带归因于C—N和C＝N杂环化合物的伸缩振动,波数为$809\ \mathrm{cm^{-1}}$的峰是三均三嗪结构振动的结果,波数为$3000\sim3600\ \mathrm{cm^{-1}}$的峰是氮化碳中N—H伸缩振动以及表面吸附的—OH作用的结果。在CoFe₂O₄@C₃N₄复合材料中可以观察到 g－C₃N₄的全部特征峰,表明复合材料在合成过程中吸收了类石墨相氮化碳的特殊结构,检测的结果与复合材料的 XRD

表征结果一致。$CoFe_2O_4$ 纳米颗粒与 $CoFe_2O_4@C_3N_4$ 复合材料的特征峰的波数为 $583\ cm^{-1}$,主要是 Fe^{3+}—O^{2-} 复合振动的结果。由图 4-4 可以看出波数为 $583\ cm^{-1}$ 的峰的强度随着 $g-C_3N_4$ 含量的增加而变弱。

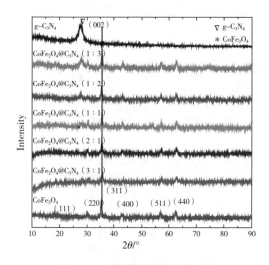

图 4-3　不同催化剂的 XRD 图

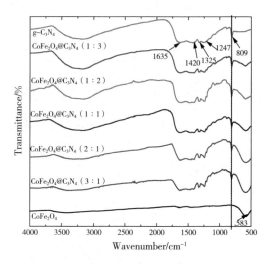

图 4-4　不同催化剂的 FTIR 图

此外,TG 技术可以很好地检测 $g-C_3N_4$、$CoFe_2O_4$ 纳米颗粒和一系列 $CoFe_2O_4@C_3N_4$ 复合材料的热解稳定性。图 4-5 为不同催化剂的 TGA 曲线,从图中可以看出,$CoFe_2O_4$ 纳米颗粒的热稳定性比较好,在 30～800 ℃ 质量基本没有损失,而 $g-C_3N_4$ 纳米片热损失主要集中在 30～150 ℃ 和 400～710 ℃。30～150 ℃ 损失的主要是水分,400～710 ℃ 的热损失主要是因为 $g-C_3N_4$ 发生裂解。$CoFe_2O_4@C_3N_4$ 复合材料开始裂解的温度比 $g-C_3N_4$ 要低,产生这一结果的主要原因是复合材料表面活化能偏低。在 $CoFe_2O_4@C_3N_4$(3∶1)、$CoFe_2O_4@C_3N_4$(2∶1)、$CoFe_2O_4@C_3N_4$(1∶1)、$CoFe_2O_4@C_3N_4$(1∶2)和 $CoFe_2O_4@C_3N_4$(1∶3)中 $CoFe_2O_4$ 的质量分数分别约为 80.9%、77.0%、56.0%、39.5% 和 28.4wt%,统一结果与合成原料比例基本相同。

在室温条件下测量复合材料的磁滞回线,结果如图 4-6 所示。由图可知曲线随着外加磁场强度的增加而延伸,$CoFe_2O_4@C_3N_4$(3∶1)、$CoFe_2O_4@C_3N_4$(2∶1)、$CoFe_2O_4@C_3N_4$(1∶1)、$CoFe_2O_4@C_3N_4$(1∶2)和 $CoFe_2O_4@C_3N_4$(1∶3)的最大磁饱和度(M_s)值分别为 2.816 emu/g、1.803 emu/g、1.544 emu/g、1.191 emu/g、0.3076 emu/g。氮化碳的含量影响复合材料的最大磁饱和度 M_s,降低材料的铁磁性。复合材料具有良好的磁性,用磁铁可以将其与净化水快速分离,不仅有利于催化剂的回收利用,而且可以避免催化剂造成环境的二次污染。

如图 4-7 为 $g-C_3N_4$ 纳米片、$CoFe_2O_4$ 纳米颗粒和 $CoFe_2O_4@C_3N_4$ 复合材料的 UV-Vis DRS 光谱图。由图可以看出,在可见光区,所制备的材料对光有明显的吸收作用。$g-C_3N_4$ 纳米片对光的吸收界限大约在 470 nm,电荷的转移是由 N-2p 轨道的价带(VB)到 C-2p 轨道的导带(CB),这与前期研究的结果一致。$CoFe_2O_4$ 纳米颗粒对可见光的吸收强度可能是电子由 O-2p(VB)水平带激发跃迁到 Fe-3d(CB)水平带的结果。$CoFe_2O_4@C_3N_4$ 复合材料随着其中 $CoFe_2O_4$ 含量的增加对光的吸收限有规律的延长。这一结果表明,$g-C_3N_4$ 与

CoFe₂O₄两种材料在杂化过程中产生了异质结,CoFe₂O₄@C₃N₄复合材料可以吸收可见光,能够增强可见光的光催化活性。

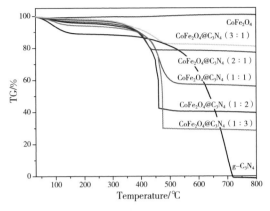

图4-5　不同催化剂的TGA曲线

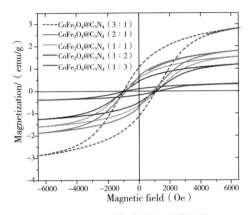

图4-6　不同催化剂的磁滞回线

依据 Kubelka-Munk 公式[式(4-1)],估算 g-C₃N₄ 和 CoFe₂O₄ 的带隙值(E_g),图4-8为催化剂的光电子能谱图,从图中可以看出 g-C₃N₄ 和 CoFe₂O₄ 的带隙值分别为2.64 eV和1.33 eV,这一结果与前人报道的数据一致。

$$(\alpha h\upsilon)^n \longrightarrow k(h\upsilon - E_g) \tag{4-1}$$

式中,α 表示材料的吸收系数;k 表示常数;n 表示半导体光跃迁级别;$h\upsilon$ 表示吸收能量;E_g 表示带隙值。g-C₃N₄(间接跃迁)和 CoFe₂O₄(直接跃迁)的 n 值分别为1/2和2。

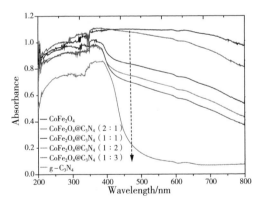

图4-7　g-C₃N₄ 纳米片、CoFe₂O₄ 纳米颗粒和
CoFe₂O₄@C₃N₄ 复合材料的 UV-Vis DRS 光谱图

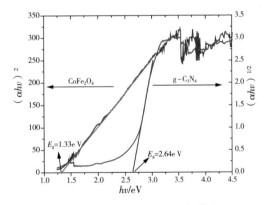

图4-8　催化剂的光电子能谱图

此外,根据 Butler 和 Ginley 提出的公式[式(4-2),式(4-3)],计算 CoFe₂O₄ 和 g-C₃N₄ 的价带(VB)和导带(CB)值,CoFe₂O₄ 和 g-C₃N₄ 的绝对电势、导带电势、价带电势和带隙值见表4-1所列。

$$E_{CB} = X - E^{\theta} - 0.5E_g \tag{4-2}$$

$$E_{VB} = E_{CB} + E_g \tag{4-3}$$

式(4-2)、(4-3)中,E_{CB}表示 CB 的临界电势;E_{VB}表示 VB 的临界电势;X 表示半导体的绝对电势;E^θ 表示以氢为标准的(约为 4.5 eV)电子自由能;E_g 表示半导体的带隙值。

表 4-1　$CoFe_2O_4$ 和 $g-C_3N_4$ 的绝对电势、导带电势、价带电势和带隙值

半导体材料	绝对电势/eV	导带电势/eV	价带电势/eV	带隙值/eV
$CoFe_2O_4$	5.59	0.425	1.755	1.33
$g-C_3N_4$	4.72	-1.1	1.54	2.64

4.2.3　$CoFe_2O_4@C_3N_4$ 复合材料的催化性能评价

本研究主要考察在室内光条件下,通过降解罗丹明 B 染料研究不同质量比的 $CoFe_2O_4$ 和 C_3N_4 复合而成的杂化材料的催化活性,结果如图 4-9 所示。在相同反应条件下检测 $g-C_3N_4$ 纳米片、$CoFe_2O_4$ 纳米颗粒和 $g-CoFe_2O_4@C_3N_4$ 复合材料的催化活性。检测结果表明罗丹明 B 染料本身相对比较稳定,属于自然环境中难降解污染物。在 H_2O_2 独自存在的情况下对罗丹明 B 染料的降解效率为 13.2%。$g-C_3N_4$ 在以 H_2O_2 为氧化剂或者不添加氧化剂时对染料的催化降解效率都偏低,但同样条件下 $CoFe_2O_4$ 的催化活性相对较高,在 210 min 内,$CoFe_2O_4$ 纳米颗粒材料可降解 69% 的罗丹明 B。与单一成分材料相比,不同质量比的 $CoFe_2O_4@C_3N_4$ 复合材料表现出较为优越的催化活性,原因在于杂化过程中两种材料表面形成的异质结产生协同作用从而提高了反应催化活性。随着 $CoFe_2O_4@C_3N_4$ 复合材料中 $CoFe_2O_4$ 含量的增加,复合材料的催化活性随着增强,但当 $CoFe_2O_4$ 和 $g-C_3N_4$ 的质量比高于2∶1时,复合材料的催化性能变弱。相比较而言,在室内光的条件下 $CoFe_2O_4@C_3N_4$(2∶1)降解罗丹明 B 的催化活性最高,210 min 内染料溶液颜色基本变成无色。然而,将$CoFe_2O_4$和$g-C_3N_4$按质量比为 2∶1 纯物理混合后用于降解罗丹明 B,其催化性能弱于复合材料的催化性能,结果表明两种材料的协同作用可以提高催化剂的催化性能。由此可以看出 $CoFe_2O_4/C_3N_4$ 复合材料中两种材料表面区域产生异质结可以有效地促进电荷转移抑制电子-空穴对的结合,从而有效地提高复合材料的催化反应活性。

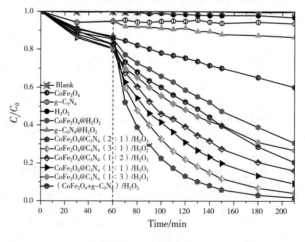

图 4-9　室内光条件下不同催化剂的催化性能比较

注:反应条件为[罗丹明 B]=10 mg/L,[复合材料]=0.1 g/L,T=25 ℃,[H_2O_2]=0.10 mol/L。

图 4 - 10 为不同光源对 $CoFe_2O_4@C_3N_4(2:1)/H_2O_2$ 体系降解罗丹明 B 的影响,不同光源对罗丹明 B 的降解率见表 4 - 2 所列。由表中数据可知,不同光源的降解速率大小的顺序为紫外光＞可见光＞室内光＞黑暗。光照能够促进氧化剂裂解产生氧化活性自由基,而且有机染料能够吸收可见光,增大电子在染料分子和催化剂之间的传输速率。通过比较不同光源降解罗丹明 B 的降解效率数据可知,室内自然光的降解效率与以氙灯为光源的可见光的降解效率相近,所以,我们考察在室内自然光条件下催化剂的催化性能。

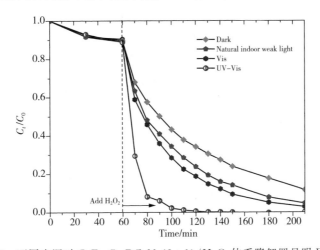

图 4 - 10　不同光源对 $CoFe_2O_4@C_3N_4(2:1)/H_2O_2$ 体系降解罗丹明 B 的影响

注:反应条件为[罗丹明 B]=10 mg/L,[$CoFe_2O_4@C_3N_4(2:1)$]=0.1 g/L,T=25 ℃,[H_2O_2]=0.10 mol/L。

表 4 - 2　不同光源对罗丹明 B 的降解率

光源	罗丹明 B 的降解率/%
黑暗	88.5
室内自然光	95.4
可见光	97.2
紫外光	100.0

注:可见光以氙灯为光源;反应时间为 210 min。

图 4 - 11 为 $CoFe_2O_4@C_3N_4(2:1)/H_2O_2$ 体系在 210 min 内对不同染料的降解情况。从图中可以看出 $CoFe_2O_4@C_3N_4(2:1)/H_2O_2$ 体系对孔雀石绿、酸性品红、亚甲蓝的降解率可以达到 100%,对罗丹明 B、碱性品红、金橙Ⅱ、甲基紫、甲基橙的降解率分别可以达到 98.2%、95.4%、91.1%、91.9%、85.4%。不同染料之间的降解率有差异是因为每一种染料的分子结构不同。研究结果表明 $CoFe_2O_4@C_3N_4(2:1)$ 复合材料对染料制造业和纺织业的染料废液的处理具有很好的应用价值。

图 4 - 12 为 H_2O_2 添加量对 $CoFe_2O_4@C_3N_4(2:1)/H_2O_2/Vis$ 体系降解罗丹明 B 的影响。由图 4 - 12 可知,当 H_2O_2 剂量由 0.01 mol/L 增大到 0.20 mol/L 时,该体系对罗丹明 B 的降解率由 73.3% 增长到 99.6%。降解率的增加是因为随着 H_2O_2 剂量的增多,HO· 的产量变大。然而,当 H_2O_2 剂量增大到 0.50 mol/L 后,降解率没有一直增大而是基本保持恒

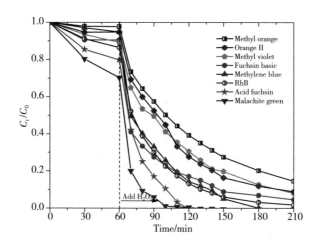

图 4-11 CoFe$_2$O$_4$@C$_3$N$_4$(2∶1)/H$_2$O$_2$ 体系在 210 min 内对不同染料的降解情况

注：反应条件为[罗丹明 B]＝10 mg/L,[CoFe$_2$O$_4$@C$_3$N$_4$(2∶1)]＝0.1 g/L,T＝25 ℃,[H$_2$O$_2$]＝0.10 mol/L。

定。这一现象可以解释为过多的 H$_2$O$_2$ 分子阻碍 HO· 转化成低电位的 HOO·[式(4-4)和式(4-5)]。

$$H_2O_2 + HO\cdot \longrightarrow H_2O + HOO\cdot \tag{4-4}$$

$$HOO\cdot + HO\cdot \longrightarrow H_2O + O_2 \tag{4-5}$$

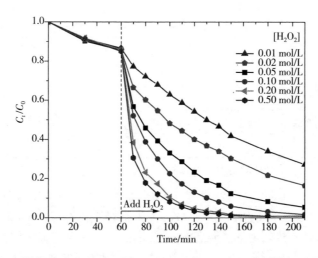

图 4-12 H$_2$O$_2$ 添加量对 CoFe$_2$O$_4$@C$_3$N$_4$(2∶1)/H$_2$O$_2$/Vis 体系降解罗丹明 B 的影响

天然有机物(NOM)为地表水和地下水中常见的有机化合物,该物质能够抑制可见光-类 Fenton 催化过程的反应效率。本节以腐殖酸(FA)为代表研究 NOM 对降解罗丹明 B 的影响(见图 4-13)。由图 4-13 可知,腐殖酸对 CoFe$_2$O$_4$@C$_3$N$_4$(2∶1)/H$_2$O$_2$/Vis 体系降解罗丹明 B 有机染料具有抑制作用,在反应时间为 210 min 内,腐殖酸的添加量由 0 mg/L 增加到 50 mg/L 时,该体系对罗丹明 B 的降解率由 100% 减少到 48%。这是因为：一方面高浓度的腐殖酸会占据一部分 HO·，从而使有效参与反应的氧化自由基含量减少；另一方面腐殖酸溶液本身具有一定的颜色，当浓度过高时会影响反应液的透明度阻碍光的透过率，从而减缓反应进行。由上述内容可知，在研究利用可见光-类 Fenton 技术进行原位修复时，确定 H_2O_2 的添加浓度要考虑 NOM 消耗的 HO· 的量。

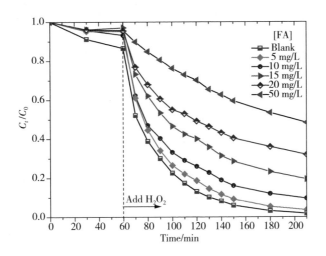

图 4-13　腐殖酸浓度对 $CoFe_2O_4@C_3N_4$（2∶1）/H_2O_2/Vis 体系降解罗丹明 B 的影响

图 4-14 为不同初始浓度的罗丹明 B 对 $CoFe_2O_4@C_3N_4$（2∶1）/H_2O_2/Vis 体系降解罗丹明 B 的影响。从图中可以发现罗丹明 B 的降解率与染料的初始浓度有很大关系，在反应条件相同的情况下，HO· 的产量是有限的，当染料分子数量超过界限值时就会使整体催化效率降低。另外，染料初始浓度的增加致使罗丹明 B 单位分子数量增多，多余的分子会占据一部分活性位点，从而减少吸附和反应活性位点，降低催化活性。此外，也可以用 Beer-Lambert 规律解释，随着染料初始浓度的增加，光子进入溶液的路径长度变短，导致光的利用效率变低，致使光化学过程效率偏低。

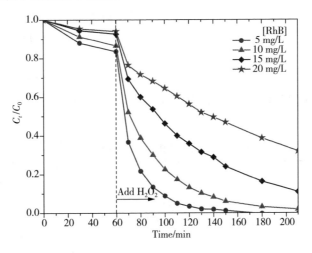

图 4-14　不同初始浓度的罗丹明 B 对 $CoFe_2O_4@C_3N_4$（2∶1）/H_2O_2/Vis 体系降解罗丹明 B 的影响

pH 也是可见光-类 Fenton 反应过程中需要研究的一项重要参数。在以 $CoFe_2O_4@C_3N_4(2:1)$ 为催化剂降解有机染料的体系中 pH 的影响作用明显。本节主要研究了 pH 为 3~10 对反应体系的影响情况(见图 4-15)。初始 pH 为 3.07 在 210 min 内催化剂对罗丹明 B 的降解率为 25.4%,在酸性条件下随着 pH 增大催化剂对染料的去除效果增强,而传统的均相 Fenton 反应体系对 pH 有严格限制。pH 为 5~10 时,$CoFe_2O_4@C_3N_4(2:1)$ 降解罗丹明 B 的催化性能较高且基本不受酸碱环境的影响。与传统 Fenton 反应相比,$CoFe_2O_4@C_3N_4$ 复合材料可以应用的 pH 范围更宽。从图 4-15 中可以看出溶液反应后的 pH 变小,这主要是因为反应过程中产生了酸性中间体。

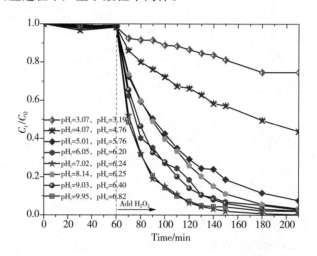

图 4-15   pH 对 $CoFe_2O_4@C_3N_4(2:1)/H_2O_2/Vis$ 体系降解罗丹明 B 的影响
注:反应条件为[罗丹明 B]=10 mg/L,[$CoFe_2O_4@C_3N_4(2:1)$]=0.1 g/L,T=25 ℃,[H_2O_2]=0.10 mol/L.

$CoFe_2O_4@C_3N_4(2:1)$ 催化降解罗丹明 B 的重复性考察情况如图 4-16 所示。在同样的反应条件下,研究 $CoFe_2O_4@C_3N_4(2:1)$ 进行五次循环反应降解罗丹明 B,结果显示五次循环反应的催化降解效率无较大差异,从而可以认为复合材料是比较稳定的。同时,本研究还检测了反应液中 Fe 和 Co 的离子浸出度,检测结果显示两者均低于检出限值(10 g/L),反应液中铁、钴的离子浸出度见表4-3所列。此外,通过检测反应后的 $CoFe_2O_4@C_3N_4(2:1)$ 的 XRD 图可以看出复合材料在反应前后没有什么大的变化,由此也可以说明我们所制备的材料相对比较稳定,$CoFe_2O_4@C_3N_4(2:1)$ 反应前后的 XRD 图如图 4-17 所示。上述检测结果可以很好地证明复合材料的稳定性,这也是检测复合材料是否具有实际应用价值的重要指标。

表 4-3   反应液中铁、钴的离子浸出度

反应时间/min	Fe 248.3 浸出值/(mg/L)	Co 240.7 浸出值/(mg/L)
0	0	0
60	0.065	0.184
120	0.068	0.385
210	0.072	0.395

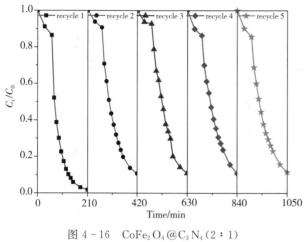

图 4-16　$CoFe_2O_4@C_3N_4(2:1)$
催化降解罗丹明 B 的重复性考察情况

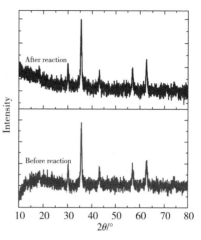

图 4-17　$CoFe_2O_4@C_3N_4(2:1)$
反应前后的 XRD 图

　　光催化反应前后 $CoFe_2O_4@C_3N_4(2:1)$ 的 XPS 图如图 4-18 所示。图 4-18(a)为 XPS 全谱图,图中包含 C、N、O、Fe、Co 五种元素。图 4-18(b)为 N 1s XPS 图,图中结合能为 398.8 eV 的峰对应于 sp^2 杂化氮(N1),结合能为 399.7 eV 的峰对应于三碳化氮[$N(C)_3$,N2],结合能为 400.8 eV 的峰对应于氨基官能团(N3)。图 4-18(c)为 C 1s XPS 图,从图中可以看出复合材料在反应前后的特征峰出现差异,两个样品中都有结合能为 288.1 eV 和 284.7 eV 的特征峰,它们分别对应于 sp^2 氮双键碳(C=N)和石墨碳(C—C),而回收的复合材料在结合能为 292.5 eV 的峰对应于在反应过程中氧化产生的羧酸碳(O—C=O)。

　　图 4-18(d)为反应前后复合材料的结合能为 $770 \sim 810$ eV 的 XPS 图,主要反映 Co 元素的变化情况。Co 谱峰中 Co $2p_{3/2}$ 主要由 32.3% 的 B-site Co^{II}、45% 的 A-site Co^{II} 和 30.7% 的 B-site Co^{III} 组成。但是这三个峰在反应后回收的复合材料中的组成含量发生了变化,这三个峰反应后含量分别为 31.3%、32.5.0% 和 36.1%。这一结果表明在复合材料表面发生了氧化反应,而且 B-site Co^{II} 提供电子致使 B-site Co^{III} 比例增加。为了保持复合材料表面电荷平衡,B-site Co^{III} 需要从系统环境中吸收电子,从而形成 Co^{II}—Co^{III}—Co^{II} 氧化还原循环反应。图 4-18(e)为 Fe 2p XPS 图,从图中可以看出 Fe 元素主要以 Fe^{3+} 和 Fe^{2+} 两种价态存在。由此可以看出在 $CoFe_2O_4$ 尖晶石结构中 Co^{3+}/Co^{2+} 和 Fe^{3+}/Fe^{2+} 电势对循环出现,从而促进了催化反应的进行。图 4-18(f)为反应前后复合材料中 O 1s XPS 图。反应前后复合材料的 O 1s 都有两个特征峰,反应前复合材料的 O 1s 的两个特征峰的结合能分别为 528.6 eV 和 530.1 eV,相对含量分别为 65.5% 和 34.5%,分别对应于晶格氧(记作 O^{I})和表面的羟基或是吸附的氧气(记作 O^{II})。在反应后复合材料中 O^{I} 和 O^{II} 的含量分别变成了 76.2% 和 23.8%,表明在催化反应中 O^{II} 含量变小。因为复合材料表面吸附的氧原子能够直接或间接地捕获光生电子,从而抑制光生电子-空穴对的结合,延长光生载流子的寿命,提高量子效率,最终改善复合材料的催化活性。

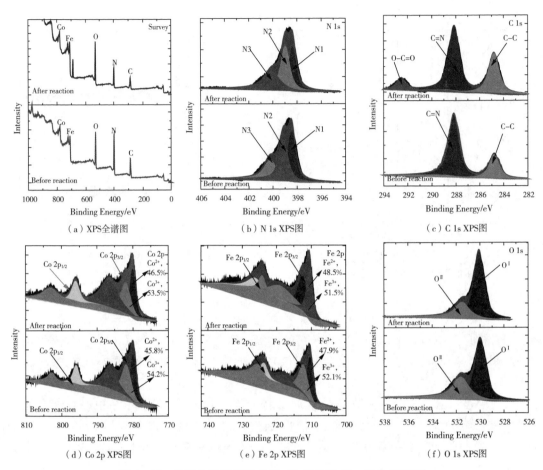

图 4-18　光催化反应前后 $CoFe_2O_4@C_3N_4$（2∶1）的 XPS 图

4.2.4　$CoFe_2O_4@C_3N_4$ 复合材料催化反应机理研究

为了进一步揭示光催化降解反应机理，在光催化反应过程中通过添加不同捕捉剂研究主要反应活性氧（ROSs），用甲酸捕捉光生空穴（h^+），叔丁醇（TBA）和异丙醇（IPA）捕捉羟基自由基（HO·），苯醌（BQ）捕捉超氧根离子自由基（O_2^-·）。研究结果如图 4-19 所示，所有捕捉剂的用量为 $1.5×10^{-4}$ mol/L。在反应体系中添加一定量的 TBA 和 IPA，催化反应体系对罗丹明 B 的降解速率有轻微的减弱，当添加 BQ 和甲酸时对罗丹明 B 的降解速率更小。由此可以得知，O_2^-·、h^+ 和 HO· 在光催化降解反应中都发挥了重要作用，其中 O_2^-· 和 h^+ 起到的作用比 HO· 的作用更大。捕捉剂的抑制作用大小为 BQ>甲酸>IPA>IBA。

如图 4-20 所示，在光照条件下，$g-C_3N_4$ 和 $CoFe_2O_4$ 两种材料都能产生光生电子-空穴对。纯 $g-C_3N_4$ 的 E_{CB} 和 E_{VB} 标准电势分别为 -1.10 eV 和 1.54 eV（以氢电极为标准电极）。氮化碳 CB 的电位由于比 O_2/O_2^-·（相比于标准氢电极为 -0.33 eV）的电负性更高，致使 CB 上产生的光生电子能与 O_2 结合形成 O_2^-·。但是，$g-C_3N_4$ 的 VB 电负性低于 HO·/OH^- 标准电势（1.99 eV）和 HO·/H_2O 标准电势（2.27 eV），这表明 $g-C_3N_4$ 的 VB 光生空穴不能氧化 OH^- 和 H_2O 生成 HO·。纯 $CoFe_2O_4$ 的 E_{CB} 和 E_{VB} 标准电势分别为

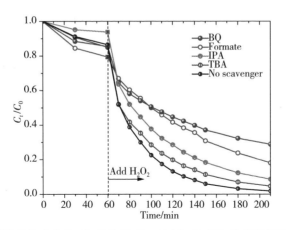

图 4-19 不同捕捉剂对 $CoFe_2O_4@C_3N_4(2:1)/H_2O_2/Vis$ 体系降解罗丹明 B 的影响

注:反应条件为[罗丹明 B]=10 mg/L,[$CoFe_2O_4@C_3N_4(2:1)$]=0.1 g/L,$T=25\ ℃$,
[H_2O_2]=0.10 mol/L,[抑制剂]=$1.5×10^{-4}$ mol/L。

0.425 eV 和1.755 eV(以氢电极为标准电极)。$CoFe_2O_4$ 纳米颗粒的 CB 光生电子由于电负性比 O_2/O_2^- ·(相比于标准氢电极为 -0.33 eV)的电负性更低不能与氧气反应产生自由基。$CoFe_2O_4$ 纳米颗粒的 VB 电势相比于标准 HO·,H^+/H_2O 氧化还原电势(相比于标准氢电极为 2.27 eV)更低,表明 $CoFe_2O_4$ 纳米颗粒的 VB 上的光生空穴不能氧化 H_2O 产生 HO·。只有制备的 $CoFe_2O_4@C_3N_4$ 复合材料才能显著提高催化 RHB 光降解效率。如果光生电子-空穴对的电荷转移路径类似于典型的异质结系统,g-C_3N_4 纳米片和 $CoFe_2O_4$ 纳米颗粒上 VB 的光生电子空穴倾向于转移到 g-C_3N_4 纳米片和 $CoFe_2O_4$ 纳米颗粒的 CB 上,这导致 g-C_3N_4 和 $CoFe_2O_4$ 的光降解活性偏低。因此根据实验结果我们得出,$CoFe_2O_4@C_3N_4$ 复合材料上的光生电子和空穴不符合传统的异质结模型。

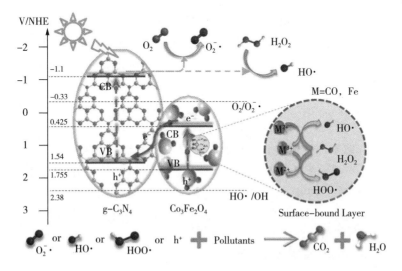

图 4-20 $CoFe_2O_4@C_3N_4/H_2O_2/Vis$ 体系降解罗丹明 B 反应机理图

在上述实验结果的基础上,我们提出一种 $CoFe_2O_4@C_3N_4$ 光催化降解活性较高的新型固相 Z 型反应机理。在室内自然光的照射下,$CoFe_2O_4$ 纳米颗粒 CB 上的光生电子倾向转移

并重组于 $g-C_3N_4$ 纳米片 VB 上的光生电子空穴。这致使在 $CoFe_2O_4$ 没有参与反应的情况下光生电荷载流子能够高效转移。此外,在 $g-C_3N_4$ 纳米片 CB 电位聚集的光生电子能够捕捉环境中的 O_2 产生更多的 $O_2^- \cdot$。$O_2^- \cdot$ 是一种强氧化剂,可以将有机污染物矿化成小分子物质(如 CO_2 和 H_2O)。此外,H_2O_2 作为一种电子受体与光生电子反应能够产生具有高氧化活性的 $HO \cdot$,抑制电子-空穴对的结合,提高光催化反应活性。同时,$CoFe_2O_4$ 纳米颗粒 VB 上的光生空穴能够直接氧化降解有机污染物。因此能够得出以下结论:$CoFe_2O_4@C_3N_4$ 异质结催化剂的光催化反应过程符合固相 Z 型反应机理。该机理不仅可以提高光生电子-空穴对的分离,而且在降解有机染料过程中表现出较强的氧化还原性能。

4.2.5　小结

本节以 $g-C_3N_4$ 纳米片和 $CoFe_2O_4$ 纳米颗粒为原料,按不同质量比已经成功制备出一系列 $CoFe_2O_4@C_3N_4$ 复合材料,其中 $CoFe_2O_4@C_3N_4$(2∶1)在自然光照射下降解有机染料表现出较高的光芬顿催化活性。电荷分离效率的提高、活性位点的增加、氧化还原反应位点的分散分布以及光效应等都会增加催化反应活性。此次研究所制备的杂化材料具有铁磁性且易分离、活性高、稳定性好等特性,而且还具有很好的异质结结构可以丰富异质结体系,同时对异质结光催化剂的制备具有很好的指导价值。此外,$CoFe_2O_4@C_3N_4$ 复合材料作为一种具有独特能带结构和典型 Z 型的高效异质结光催化剂,能够很好地应用于环境修复。

4.3　$CuFe_2O_4@C_3N_4$ 复合材料的制备及其催化氧化性能研究

4.3.1　$CuFe_2O_4@C_3N_4$ 复合材料的制备

(1)$g-C_3N_4$ 纳米片的制备:$g-C_3N_4$ 纳米片的制备方法如 4.2 节所述。

(2)$CuFe_2O_4$ 纳米颗粒的制备:将 10 mmol $CuCl_2 \cdot 2H_2O$、20 mmol $FeCl_3 \cdot 6H_2O$ 或 $Fe(NO_3)_3 \cdot 9H_2O$、2.5 g 聚乙烯吡咯烷酮(PVP)分别溶于去离子水和乙二醇,搅拌混匀,在混合溶液中逐滴(1 滴/s)添加 0.175 mol 氢氧化钠(NaOH)溶液,持续搅拌 30 min。最后将混合溶液放入高压反应釜中进行 160 ℃ 水热反应 24 h。将产物用乙醇和去离子水分别清洗几次,烘干,即得 $CuFe_2O_4$ 纳米颗粒。

(3)$CuFe_2O_4@C_3N_4$ 复合材料的制备:将一定量的 $g-C_3N_4$ 纳米片和制备得到的 $CuFe_2O_4$ 纳米颗粒分别超声分散在甲醇中,再将二者混合搅拌,在恒温水浴锅中进行 80 ℃ 回流 3 h。$g-C_3N_4$ 纳米片自发的覆盖在 $CuFe_2O_4$ 纳米颗粒上获得最小的表面能量。合成的复合材料在 60 ℃ 烘干,备用。为了获得最佳催化效果,研究了不同质量比的 $CuFe_2O_4$ 和 $g-C_3N_4$ 的光催化剂,并分别命名为 $CuFe_2O_4@C_3N_4$(1∶1)、$CuFe_2O_4@C_3N_4$(1∶2)、$CuFe_2O_4@C_3N_4$(1∶3)、$CuFe_2O_4@C_3N_4$(2∶1)和 $CuFe_2O_4@C_3N_4$(3∶1)。$CuFe_2O_4@C_3N_4$ 复合材料的合成路线图如图 4-21 所示。

4.3.2　$CuFe_2O_4@C_3N_4$ 复合材料的表征

图 4-22 为 $g-C_3N_4$ 纳米片、$CuFe_2O_4$ 纳米颗粒和不同质量比的 $CuFe_2O_4@C_3N_4$ 复合材料的 XRD 图。XRD 表征结果表明 $CuFe_2O_4$ 纳米颗粒 2θ 为 18.3°、30.2°、35.4°、43.3°、56.8° 和 62.8° 的衍射峰分别代表立方晶形 $CuFe_2O_4$(JCPDS,77-0427)的(111)晶面、(220)晶面、(311)

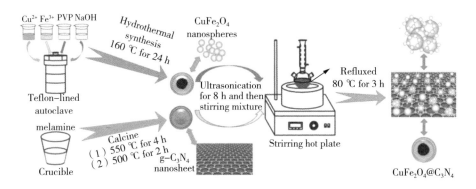

图 4-21   CuFe₂O₄@C₃N₄ 复合材料的合成路线图

晶面、(400)晶面、(511)晶面和(440)晶面。另外,g-C₃N₄ 纳米片含有的两个特征峰出现在 2θ 为 27.2°和 12.8°处,且分别对应于共轭芳香体系内部二维堆积产生的(002)晶面和三均三嗪 (JCPDS,87-1526)平面周期性排列产生的(100)衍射面。CuFe₂O₄@C₃N₄ 复合材料特征峰包含 g-C₃N₄ 和 CuFe₂O₄ 的衍射峰,表明 CuFe₂O₄ 纳米颗粒成功负载在 g-C₃N₄ 纳米片上。g-C₃N₄(002)衍射峰的强度随着其在 CuFe₂O₄@C₃N₄ 复合材料中的比重的增大而逐渐变大。

图 4-23 为 g-C₃N₄ 纳米片、CuFe₂O₄ 纳米颗粒和不同质量比的 CuFe₂O₄@C₃N₄ 复合材料的 FTIR 图。图中纯 CuF₂O₄ 纳米颗粒在波数为 572 cm⁻¹ 的峰表示尖晶石型混合物四面体 FeO₆ 官能团中 Fe—O 键的对称伸缩振动。纯 g-C₃N₄ 特征带分布区域的波数为 1247~1635 cm⁻¹(1247 cm⁻¹、1320 cm⁻¹、1420 cm⁻¹、1574 cm⁻¹ 和 1635 cm⁻¹),这主要归因于 C—N(—C)—C(全冷凝)或 C—NH—C。波数为 806 cm⁻¹ 处尖峰是由三均三嗪呼吸振动产生的。此外,CuFe₂O₄@C₃N₄ 复合材料 FTIR 光谱中可以找到 g-C₃N₄ 和 CuFe₂O₄ 的全部特征峰,表明两种半导体材料共存。从图 4-23 中明显可以看出,在波数为 572 cm⁻¹ 处能带强度随着杂化材料中 CuFe₂O₄ 含量的增加而变强。

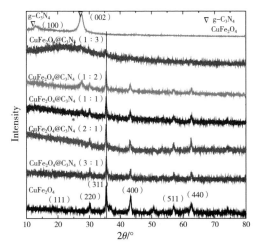

图 4-22   g-C₃N₄ 纳米片、CuFe₂O₄ 纳米
颗粒和不同质量比的 CuFe₂O₄@C₃N₄
复合材料的 XRD 图

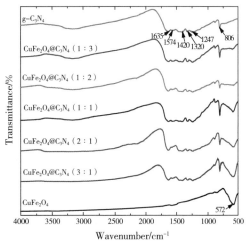

图 4-23   g-C₃N₄ 纳米片、CuFe₂O₄ 纳米
颗粒和不同质量比的 CuFe₂O₄@C₃N₄
复合材料的 FTIR 图

$g - C_3N_4$ 纳米片、CuF_2O_4 纳米颗粒和不同质量比的 $CuFe_2O_4@C_3N_4$ 复合材料的 TGA 曲线如图 4 - 24 所示。$CuFe_2O_4$ 纳米颗粒在 30~800 ℃ 没有热重损失，而 $g - C_3N_4$ 纳米片在 450~600 ℃ 质量基本完全损失。对于 $CuFe_2O_4@C_3N_4$ 复合材料由室温到 240 ℃ 主要损失的是水分，而 $g - C_3N_4$ 分解导致其质量损失主要集中在 300~530 ℃。这个结果表明复合材料中 $g - C_3N_4$ 热稳定性要弱于 $g - C_3N_4$ 纳米片，这主要是由 $CuFe_2O_4$ 的催化活性以及其与 $g - C_3N_4$ 弱交联环影响的。因此，$CuFe_2O_4@C_3N_4$ 中 $CuFe_2O_4$ 的质量分数大约为 75.4%、64.4%、46.5%、26.2% 和 20.5% 分别对应于 $CuFe_2O_4@C_3N_4$（3∶1）、$CuFe_2O_4@C_3N_4$（2∶1）、$CuFe_2O_4@C_3N_4$（1∶1）、$CuFe_2O_4@C_3N_4$（1∶2）和 $CuFe_2O_4@C_3N_4$（1∶3）复合材料，这与进料比例相同。

利用 UV - Vis DRS 研究光催化材料的光学性能，$g - C_3N_4$ 纳米片、$CuFe_2O_4$ 纳米颗粒和不同质量比的 $CuFe_2O_4@C_3N_4$ 复合材料的 UV - Vis DRS 光谱图如图 4 - 25 所示。基于 $g - C_3N_4$ 的 N 2p 轨道填充的价带（VB）到 C 2p 轨道形成的导带（CB）的电荷转移反应，其基本吸收区域为 200~450 nm。而 $CuFe_2O_4$ 样品对紫外可见光吸收展现出较高的强度和较宽的范围，波长范围为 200~800 nm，进一步验证其优异的光催化活性。此外，$CuFe_2O_4@C_3N_4$ 复合材料对可见光的吸收较多而且吸收强度随着 $CuFe_2O_4$ 含量的增加而变大。$g - C_3N_4$、$CuFe_2O_4$、$CuFe_2O_4@C_3N_4$（3∶1）、$CuFe_2O_4@C_3N_4$（2∶1）、$CuFe_2O_4@C_3N_4$（1∶1）、$CuFe_2O_4@C_3N_4$（1∶2）和 $CuFe_2O_4@C_3N_4$（1∶3）的带隙值分别为 2.83 eV、1.42 eV、1.78 eV、1.98V、2.33 eV、2.54 eV 和 2.65 eV。由于 $g - C_3N_4$ 具有高能隙，复合材料的能差值随着其负载量的增加增大。UV - Vis DRS 检测结果表明 $CuFe_2O_4@C_3N_4$ 复合材料可以大幅度提高光学性能和日光灯的利用效率，从而改善光催化活性。

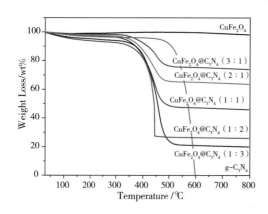 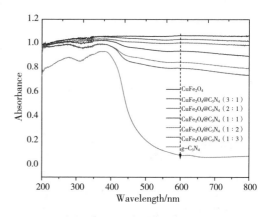

图 4 - 24　$g - C_3N_4$ 纳米片、$CuFe_2O_4$ 纳米
颗粒和不同质量比的 $CuFe_2O_4@C_3N_4$
复合材料的 TGA 曲线

图 4 - 25　$g - C_3N_4$ 纳米片、$CuFe_2O_4$ 纳米
颗粒和不同质量比的 $CuFe_2O_4@C_3N_4$
复合材料的 UV - Vis DRS 光谱图

采用 FESEM［见图 4 - 26(a) 和 (b)］和 HRTEM［见图 4 - 26(c) 和 (d)］进一步研究光催化剂的形貌及微观结构。图 4 - 26(a) 为 $g - C_3N_4$ 不规则层状结构，其中可能包含堆积层，类似平面石墨结构。$CuFe_2O_4$ 与 $g - C_3N_4$ 杂化交织在一起形成 3D 杂化结构［图 4 - 26(c)］，该结构可以有效地促进光生载流子的转移从而提高光催化活性。由 $CuFe_2O_4@C_3N_4$ 复合材料的 HRTEM 照片［见图 4 - 26(d) 和 (e)］可知，50~60 nm 大小的 $CuFe_2O_4$ 纳米颗粒可以很好地裹附于 5~

7 nm厚的 g-C_3N_4 纳米片层中，形成核壳结构 CuFe_2O_4@C_3N_4 复合材料。CuFe_2O_4 和 g-C_3N_4 交界面光滑，可以进一步证实 CuFe_2O_4@C_3N_4 复合材料结构中形成异质结。另外，图 4-26(e) 中 2.56Å 原子晶格条纹对应于复合材料中 CuFe_2O_4 的 (311) 晶面，这与 XRD 检测结果一致。CuFe_2O_4@C_3N_4 复合材料的 EDS 图也说明存在 Cu、Fe、C、N 和 O 元素 [见图 4-26(f)]。

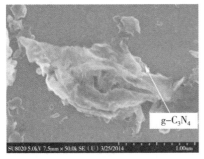

（a）g-C_3N_4的FESEM照片　　　　（b）CuFe_2O_4@C_3N_4（2:1）复合材料FESEM照片

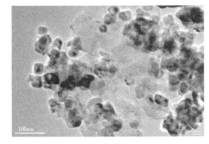 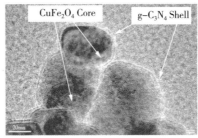

（c）CuFe_2O_4@C_3N_4（2:1）
复合材料的HRTEM照片（一）　　　　（d）CuFe_2O_4@C_3N_4（2:1）
复合材料的HRTEM照片（二）

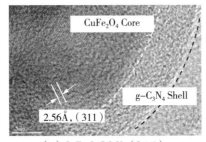 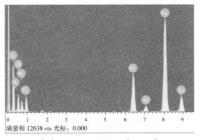

（e）CuFe_2O_4@C_3N_4（2:1）
复合材料的HRTEM照片（三）　　　　（f）CuFe_2O_4@C_3N_4（2:1）
复合材料的EDS图

图 4-26　g-C_3N_4 的 FESEM 照片以及 CoFe_2O_4@C_3N_4(2:1)复合材料的 FESEM 照片、HRTEM 照片和 EDS 图

4.3.3　CuFe_2O_4@C_3N_4复合材料的催化性能评价

本节主要考察 CuFe_2O_4@C_3N_4 复合材料在可见光照射下降解金橙Ⅱ的光催化活性，不同反应条件下光催化活性的比较如图 4-27 所示。不添加复合材料和 H_2O_2 的条件下，金橙Ⅱ相对稳定，在可见光照射下有机染料的浓度基本没有变化，同时表明染料的光激发诱导效应对催化反应不敏感。当添加 H_2O_2 时，金橙Ⅱ的降解可以达到 17.6%，这是由于入射光诱导 H_2O_2 光分解产生 HO· 促进催化反应，提高催化效率。不添加复合材料、光或者光和 H_2O_2 的反应，染料的降解率很小。以上结果表明半导体诱发的光催化反应占有绝对的优势。在添加或者不添加 H_2O_2 的条件下，在可见光照射下 g-C_3N_4 催化降解有机染料，样液颜色反

应前后基本没有变化,表明其光催化活性很低。相对于 g-C₃N₄ 光催化反应,CuFe₂O₄ 在添加和不添加 H₂O₂ 的条件下,光催化降解金橙Ⅱ的效果有很大提高,说明其在有机染料降解中起到很大的作用。通过比较可以发现,CuFe₂O₄@C₃N₄ 杂化材料的催化性能优于单一成分及其物理混合物的光催化效果,表明在杂化过程中 g-C₃N₄ 与 CuFe₂O₄ 产生了协同作用,由此提高了杂化材料的相对传质速率以及化学反应活性。进一步比较不同质量比杂化材料的催化活性得知,CuFe₂O₄@C₃N₄(2∶1)的光催化活性最高,在可见光光照下 210 min 内可以降解 98% 的金橙Ⅱ。表明高效异质结在提高光催化活性方面作用显著。

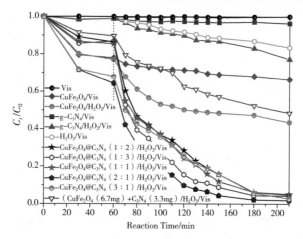

图 4-27　不同反应条件下光催化活性的比较

注:反应条件为[金橙Ⅱ]=0.028 mmol/L,[催化剂]=0.1 g/L,T=30 ℃,[H₂O₂]=0.01 mol/L。

图 4-28 为 CuFe₂O₄@C₃N₄(2∶1)/H₂O₂/Vis 系统降解金橙Ⅱ反应过程的 UV-Vis 光谱图。由图 4-28 可知,金橙Ⅱ最大吸收波长为 484 nm,对应于偶氮形成的 n—p* 过渡态,有效减少 CuFe₂O₄@C₃N₄(2∶1)/H₂O₂/Vis 系统的曝光时间。从图中多条曲线的规律可以发现最大吸收波长由 484 nm 红移到 523 nm,此现象归因于染料媒介的生成与裂解。进一步光照发现在 484 nm 没有吸收峰,这表明染料的发色基团在光催化反应过程中被破坏了。这一结果与反应液在不同反应时间内由橙色逐渐变至无色的反应过程一致,而且由于 CuFe₂O₄@C₃N₄ 复合材料具有铁氧磁性材料的特性,所以易于分离回收利用。

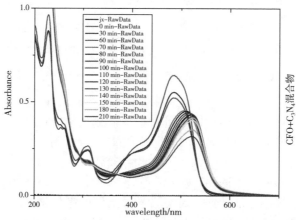

图 4-28　CuFe₂O₄@C₃N₄(2∶1)/H₂O₂/Vis 系统降解金橙Ⅱ反应过程的 UV-Vis 光谱图

图 4-29 为金橙 Ⅱ 不同初始浓度对 CuFe₂O₄@C₃N₄（2∶1）光催化降解金橙 Ⅱ 的影响。金橙 Ⅱ 初始浓度为 0.014~0.140 mol/L，210 min 内金橙 Ⅱ 降解率为 64.8%~92.6%。在反应条件恒定的情况下，溶液中 HO· 的产率维持不变。由于 HO· 数量不足，无法降解高浓度的污染物，从而去除率偏低。另外，污染物的增加占据了很大一部分数量的活性位点。换句话说，在高浓度溶液中低活性位点有利于 H₂O₂ 自分解，从而导致 HO· 的产率变低。光催化活性降低的另外一个原因是高浓度染料的不透明性，不透明性阻碍光催化剂对可见光的利用效率。

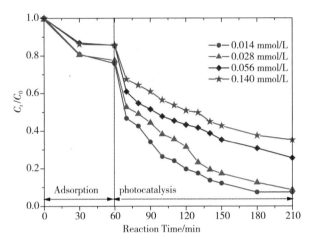

图 4-29　金橙 Ⅱ 不同初始浓度对 CuFe₂O₄@C₃N₄（2∶1）光催化降解金橙 Ⅱ 的影响

图 4-30 为不同反应温度对 CuFe₂O₄@C₃N₄（2∶1）光催化降解金橙 Ⅱ 的情况，温度范围为 15~65 ℃。结果发现温度对金橙 Ⅱ 的去除率影响较大。当温度为 65 ℃ 时，70 min 内染料可以降解完全。这是因为较高温度可以提高反应分子能有效克服活化能，另一个可能的原因是温度升高有利于 H₂O₂ 热解增加 HO· 产量。

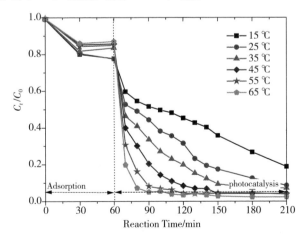

图 4-30　不同反应温度对 CuFe₂O₄@C₃N₄（2∶1）光催化降解金橙 Ⅱ 的影响

进一步研究废水处理中常见的几种阴离子对光催化反应的影响。用 pH 计检测反应液的初始（pHᵢ）和结束（pH。）时的 pH，测量结果显示不同阴离子的 pH 不同，但同一种阴离子

的 pH_i 和 pH_o 数值基本不变。不同阴离子对 $CuFe_2O_4@C_3N_4$（2∶1）光催化降解金橙Ⅱ的影响如图 4 - 31 所示，HCO_3^- 和 Cl^- 可以增大金橙Ⅱ的去除率，是因为在 $CuFe_2O_4@C_3N_4/H_2O_2/Vis$ 体系中，HCO_3^- 与 Cl^- 氧化产生的新的阴离子自由基可以加快金橙Ⅱ的氧化速率。但 CH_3COO^- 和 SO_4^{2-} 对光催化作用基本没有影响。

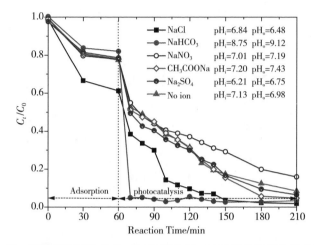

图 4 - 31　不同阴离子对 $CuFe_2O_4@C_3N_4$（2∶1）光催化降解金橙Ⅱ的影响

图 4 - 32 为 $CuFe_2O_4@C_3N_4$（2∶1）催化降解金橙Ⅱ的重复性考察情况。结果显示五次循环后，210 min 金橙Ⅱ降解 76.2%，表明在有机污染物的降解过程中，催化剂相对比较稳定。所以，本节采用的可见光-类 Fenton 光催化系统呈现出铁磁性和循环稳定性等特性，可促进水体净化技术的发展。

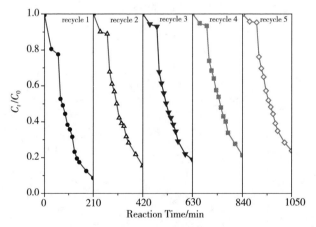

图 4 - 32　$CuFe_2O_4@C_3N_4$（2∶1）催化降解金橙Ⅱ的重复性考察情况

利用 XPS 研究反应前后 $CuFe_2O_4@C_3N_4$ 复合材料的表面结构，结果如图4 - 33所示。XPS 全谱图表明 $CuFe_2O_4@C_3N_4$ 复合材料中 C、N、Cu、Fe 和 O 五种元素共存［见图 4 - 33(a)］。图 4 - 33(b)显示 N 1s XPS 图可拆分为结合能为 398.6 eV 和 399.3 eV 的特征峰，这两个特征峰分别对应于吡啶 N、吡咯 N sp^2 轨道杂化（C═N—C）和叔胺吡咯型氮（N—C_3）。图 4 - 33(c)显示 C 1s 在结合能为 288.4 eV 处的峰为 sp^2 杂化碳（N—C═N），结合能为 284.8 eV 处的峰为 g-C₃N₄ 的表面活性炭。图 4-33(d) 为 Cu 2p XPS 图,图中 Cu $2p_{3/2}$ 的结合能为 932.8 eV 并伴随 943.7 eV 的振动峰,Cu $2p_{1/2}$ 的结合能为 953.4 eV 并伴随 962.3 eV 的峰。Cu $2p_{3/2}$ 可以拆解为 932.7 eV 和 934.3 eV 两个峰,这两个峰分别代表 Cu(0) 和 Cu(Ⅱ),这也表明 Cu 表面存在氧化铜。Fe 2p 光谱表示氧化铁的 Fe $2p_{1/2}$ 和 Fe $2p_{3/2}$ 特征峰,共拆解为五个峰[见图 4-33(e)],图中 724.2 eV 光电子峰由 Fe(Ⅲ) 和 Fe(Ⅱ) 离子的 $2p_{1/2}$ 的结合能产生,722.9 eV 峰表示 Fe(Ⅱ) 离子的 $2p_{1/2}$ 的结合能,712.5 eV 和 710.4 eV 峰位分别对应于 $2p_{3/2}$ 的 Fe(Ⅲ) 和 Fe(Ⅱ) 离子。719.5 eV 峰是以上四种峰的协同峰,表明催化剂中 Fe(Ⅲ) 和 Fe(Ⅱ) 共存。图 4-33(f) 显示 O 1s 的两个主峰位于 530.2 eV 和 531.9 eV,分别对应于 CuFe₂O₄ 中 O_2^-·和表面羟基。光催化降解金橙Ⅱ反应前后 CuFe₂O₄@C₃N₄ 复合材料中 Fe 2p、Cu 2p、N 1s、C 1s 和 O 1s 有很微小的正向偏移,可能是光处理过程中氧化还原反应的电子转移和反应物中间体的沉淀等影响的结果。根据 Cu 2p 和 Fe 2p 的拆解峰数据分析可知复合材料中 Cu(0) 和 Cu(Ⅱ) 反应前的含量分别为 47% 和 53%,反应后的含量分别为 36% 和 64%;Fe(Ⅲ) 和 Fe(Ⅱ) 反应前的含量分别为 51% 和 49%,反应后的含量分别为 50% 和 50%。这一结果表明,反应过程中 Cu(0) 和 Fe(Ⅲ) 在催化剂表面部分转化为 Cu(Ⅱ) 和 Fe(Ⅱ)。

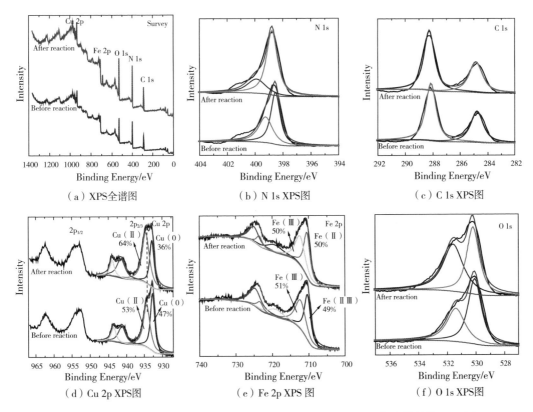

（a）XPS全谱图   （b）N 1s XPS图   （c）C 1s XPS图

（d）Cu 2p XPS图   （e）Fe 2p XPS 图   （f）O 1s XPS图

图 4-33   可见光-类 Fenton 光催化反应前后 CuFe₂O₄@C₃N₄ 复合材料的 XPS 图

4.3.4   CuFe₂O₄@C₃N₄ 复合材料催化反应机理研究

为了阐明光催化反应机理,采用自由基捕捉反应实验研究光催化过程中的主要活性氧(ROSs),其中甲酸捕捉光生空穴,TBA 和 IPA 捕捉 HO·,BQ 捕捉 O_2^-·(见图 4-34)。

图 4-34 揭示了与未添加抑制剂相比,TBA、IPA、BQ 和 FA 对金橙 II 的光解率有比较显著的抑制作用,抑制强弱顺序为 FA>BQ>IPA>TBA。因此,得出的结论为催化剂表面光生 $O_2^- \cdot$、$HO \cdot$ 和 h^+ 是产生光催化降解的主要因素。此外,在染料降解反应中光生空穴比氧化自由基的作用更大,证明了 $CuFe_2O_4@C_3N_4$ 复合材料具有较好的应用前景。

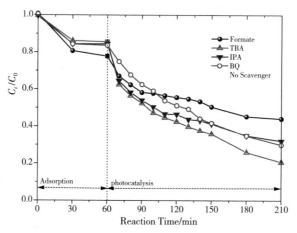

图 4-34　$CuFe_2O_4@C_3N_4/H_2O_2/Vis$ 系统中不同捕捉剂降解金橙 II 的效果图

注:反应条件为[金橙 II]=0.028 mol/L,[$CuFe_2O_4@C_3N_4$]=0.1 g/L,T=25 ℃,[H_2O_2]=0.01 mol/L。

图 4-35 阐明了类 Fenton 反应体系中 $CuFe_2O_4@C_3N_4$ 复合材料光催化反应机理。基于能带结构,在可见光照射下,$CuFe_2O_4$ 和 $g-C_3N_4$ 在价带(VB)和导带(CB)间光激发产生电子与空穴[式(4-6)]。$CuFe_2O_4@C_3N_4$ 复合材料中光生电子(e^-)由 $CuFe_2O_4$ 转移到 $g-C_3N_4$,光生空穴沿着相反的方向运行,因为 p—n 结存在内部电场(内部电场方向为 $g-C_3N_4 \rightarrow CuFe_2O_4$)。由于 VB 1.57 eV($g-C_3N_4$)与 VB 0.21 eV($CuFe_2O_4$)存在明显差异,因此空穴极易由 $g-C_3N_4$ 转移到 $CuFe_2O_4$。$CuFe_2O_4$ 的 CB(-1.21 eV)低于 $g-C_3N_4$ 的

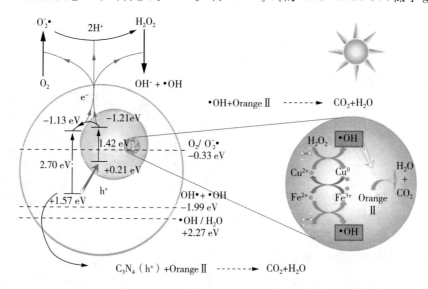

图 4-35　$CuFe_2O_4@C_3N_4/H_2O_2/Vis$ 系统的光催化降解金橙 II 反应机理图

CB(-1.13 eV),光生电子(e^-)由 $CuFe_2O_4$ 转移到 $g-C_3N_4$。与此同时,异质结内的静电场也提供动力推进光生电子由 $CuFe_2O_4$ 转移到 $g-C_3N_4$。综合上述讨论得出结论:内部场和能带结构的作用有效加速电子与空穴在 $g-C_3N_4$ 和 $CuFe_2O_4$ 之间转移。与 $g-C_3N_4$ 纳米片和 $CuFe_2O_4$ 纳米颗粒相比,$CuFe_2O_4@C_3N_4$ 异质结结构可有效延长电子-空穴对的分离时间,提高光催化降解的效率。

$g-C_3N_4$ 纳米片的 CB 光生电子在光催化剂表面将 O_2 还原产生 $O_2^- \cdot$($O_2/O_2^- \cdot =$ -0.33 eV),其他活性成分可以高效分解有机化合物[式(4-7)~式(4-9)]。同时,$g-C_3N_4$ VB 空穴直接氧化金橙Ⅱ最终生成 CO_2 和 H_2O[式(4-10)]。此外,$g-C_3N_4$ 纳米片上 VB 电势(1.57 eV)低于 $HO \cdot /H_2O$ 电势(2.27 eV)和 $HO \cdot /OH^-$ 电势(1.99 eV),表明其表面大部分 h^+ 不能将 H_2O 或 OH^- 氧化成 $HO \cdot$。以上活性成分(h^+、$HO \cdot$ 等)可以有效地将金橙Ⅱ转化为中间产物,最终生成 CO_2 和 H_2O。自由基产生过程如下:

$$EquationCuFe_2O_4@C_3N_4 + hv \longrightarrow CuFe_2O_4(h^+/e^-) - C_3N_4(h^+/e^-) \qquad (4-6)$$

$$O_2 + e^- \longrightarrow O_2^- \cdot \qquad (4-7)$$

$$O_2^- \cdot + 2H^+ + e^- \longrightarrow H_2O_2 \qquad (4-8)$$

$$C_3N_4(h^+) + Orange\ Ⅱ \longrightarrow [...many\ steps...] \longrightarrow CO_2 + H_2O \qquad (4-9)$$

$$ROS + Orange\ Ⅱ \longrightarrow [...many\ steps...] \longrightarrow CO_2 + H_2O \qquad (4-10)$$

此外,以前研究结果表明类 Fenton 催化剂 $CuFe_2O_4$ 在降解有机染料方面展现出优异的催化活性。$CuFe_2O_4$ 晶型表面的 $\equiv Cu^0$ 和 $\equiv Fe^{Ⅱ}$ 诱使 H_2O_2 分解产生 $HO \cdot$、$\equiv Cu^{Ⅱ}$ 和 $\equiv Fe^{Ⅲ}$ 与 H_2O_2 反应产生 $HO_2 \cdot$[式(4-11)~式(4-14)]。$\equiv Cu^0$ 还原 $\equiv Fe^{Ⅲ}$ 在热力学上是可行的,有利于形成 $\equiv Fe^{Ⅱ}/\equiv Fe^{Ⅲ}$ 和 $\equiv Cu^0/\equiv Cu^{Ⅱ}$ 氧化还原反应[式(4-15)],H_2O_2 诱导铜铁原子自氧化还原特性促进 $HO \cdot$ 的生成。

$$\equiv Fe^{Ⅱ} + H_2O_2 \longrightarrow \equiv Fe^{Ⅲ} + HO \cdot + OH^- \qquad (4-11)$$

$$\equiv Fe^{Ⅲ} + H_2O_2 \longrightarrow \equiv Fe^{Ⅱ} + HO_2 \cdot + H^+ \qquad (4-12)$$

$$\equiv Cu^0 + H_2O_2 \longrightarrow \equiv Cu^{Ⅱ} + HO \cdot + OH^- \qquad (4-13)$$

$$\equiv Cu^{Ⅱ} + H_2O_2 \longrightarrow \equiv Cu^0 + HO_2 \cdot + H^+ \qquad (4-14)$$

$$\equiv Cu^0 + 2\equiv Fe^{Ⅲ} \longrightarrow \equiv Cu^{Ⅱ} + 2\equiv Fe^{Ⅱ},\Delta E^0 = 1.20V \qquad (4-15)$$

4.3.5　小结

通过简单的自组装过程合成高效的磁性 $CuFe_2O_4@C_3N_4$ 复合材料,采用 XRD、FTIR、TGA、UV-Vis DRS、FESEM、HRTEM、EDS 和 XPS 等技术进行表征。根据添加的 $CuFe_2O_4$ 和 $g-C_3N_4$ 的质量比例不同配制成不同的复合材料。在可见光(λ 大于 420 nm)照射下降解有机染料(金橙Ⅱ),相对于 $CuFe_2O_4$ 纳米颗粒和 $g-C_3N_4$ 纳米片,$CuFe_2O_4@C_3N_4$(2:1)复合材料展现出优越的类 Fenton 光催化剂活性。其主要原因在于复合材料中 $g-C_3N_4$ 和 $CuFe_2O_4$ 两种材料形成的异质结界面能够有效促进电子转移,从而抑制光生电子-空穴对结合,提高光催化活性。$CuFe_2O_4@C_3N_4$ 复合材料具有磁性,易于分离,在可见光照射下可以重复利用降解有机染料,五次光催化循环反应后还具有很高的催化活性。目前的研究成果表明,$CuFe_2O_4@C_3N_4$ 复合材料作为高效修复环境的催化剂具有易分离、高效、重复利用等特性。

4.4　$ZnFe_2O_4@C_3N_4$ 复合材料的制备及其催化氧化性能研究

4.4.1　$ZnFe_2O_4@C_3N_4$ 复合材料的制备

(1)$g-C_3N_4$ 纳米片的制备:$g-C_3N_4$ 纳米片的制备方法如 4.2 节所述。

(2)$ZnFe_2O_4$ 纳米颗粒的制备:向 120 mL 乙二醇溶液中搅拌加入 3 mmol $Zn(CH_3COO)_2 \cdot 2H_2O$(0.659 g)和6 mmol $Fe(NO_3)_3 \cdot 9H_2O$(2.424 g),混合均匀后加入90 mmol碳酸氢铵(NH_4HCO_3)。待搅拌30 min后,将混合液置入 150 mL 高压反应釜中,180 ℃溶剂热反应 20 h。将所得沉淀物离心、蒸馏水洗涤及 60 ℃干燥后,在 450 ℃下煅烧 10 h 得到 $ZnFe_2O_4$ 纳米颗粒。

(3)$ZnFe_2O_4@C_3N_4$ 复合材料的制备:首先,取适量的 $g-C_3N_4$ 纳米片加入甲醇溶液中超声分散,$ZnFe_2O_4$ 纳米颗粒加入柠檬酸、水与甲醇混合液中分散。再将两混合液混合超声30 min,搅拌 2 h,再于 90 ℃下搅拌回流 3 h。冷却至室温后,将所得沉淀物离心、蒸馏水洗涤及 60 ℃干燥得到所需样品。根据上述制备方法,按 $ZnFe_2O_4$ 和 $g-C_3N_4$ 的质量比为1∶1、1∶3、2∶3制备出 $ZnFe_2O_4@C_3N_4$ 复合材料,分别记为 $ZnFe_2O_4@C_3N_4$(1∶1)、$ZnFe_2O_4@C_3N_4$(1∶3)和 $ZnFe_2O_4@C_3N_4$(2∶3)。$ZnFe_2O_4@C_3N_4$ 复合材料的合成路线图如图 4−36 所示。

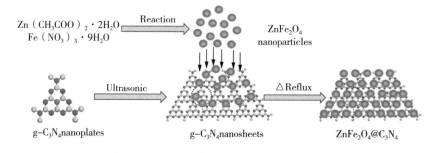

图 4−36　$ZnFe_2O_4@C_3N_4$ 复合材料的合成路线图

4.4.2　$ZnFe_2O_4@C_3N_4$ 复合材料的表征

$g-C_3N_4$ 纳米片、$ZnFe_2O_4$ 纳米颗粒和 $ZnFe_2O_4@C_3N_4$(2∶3)复合材料的 XRD 图如图 4−37 所示。其中,$ZnFe_2O_4$ 衍射峰与立方尖晶石结构的 $ZnFe_2O_4$ 图(JCPDS,77−0011)相吻合。$g-C_3N_4$ 纳米片在 2θ 为 27.21°处带宽为 0.326 nm 的强峰对应于(002)晶面(JCPDS,87−1526),在 2θ 为 12.81°处带宽为 0.675 nm 的峰对应于 $s-$三嗪单元的周期排列形成的(100)晶面。当 $ZnFe_2O_4$ 与 $g-C_3N_4$ 复合,$ZnFe_2O_4$ 的晶相未变,$g-C_3N_4$ 的(002)晶面对应的衍射峰同样未变,而其(100)晶面的消失是由于在复合过程中 $g-C_3N_4$ 层间规律叠加遭到破坏。此外,$ZnFe_2O_4@C_3N_4$ 的 XRD 图中不存在其他峰,表明其仅为 $ZnFe_2O_4$ 与 $g-C_3N_4$ 两相的复合。基于(311)晶面的衍射峰的半峰宽,依据 Debye−Scherrer 公式,计算得到 $g-C_3N_4$ 纳米片层上 $ZnFe_2O_4$ 纳米颗粒平均晶粒尺寸为 19.1 nm。

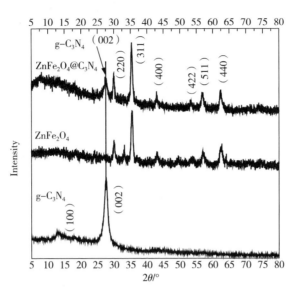

图 4-37   g-C₃N₄纳米片、ZnFe₂O₄纳米颗粒和 ZnFe₂O₄@C₃N₄(2∶3)复合材料的 XRD 图

g-C₃N₄纳米片、ZnFe₂O₄纳米颗粒和 ZnFe₂O₄@C₃N₄(2∶3)复合材料的 FTIR 图如图 4-38 所示。g-C₃N₄纳米片的 FTIR 图中,波数为 1247 cm⁻¹、1320 cm⁻¹、1420 cm⁻¹、1574 cm⁻¹ 和 1635 cm⁻¹位置出现的特征峰对应于 C—N(—C)—C 或 C—NH—C 单元结构,波数为 3172 cm⁻¹ 处集中出现的宽吸收峰对应于 N—H 键伸缩振动,波数为 806 cm⁻¹处的吸收峰对应于 s-三嗪单元 C—N 的弯曲振动。ZnFe₂O₄纳米颗粒的 FTIR 图中,波数为 571 cm⁻¹处的吸收峰对应于 ZnFe₂O₄结构 Fe—O 键的伸缩振动,波数为 1637 cm⁻¹处的吸收峰对应于 O—H 键的弯曲振动。 ZnFe₂O₄@C₃N₄(2∶3)复合材料的 FTIR 图则存在 g-C₃N₄和 ZnFe₂O₄的所有特征峰。三个 FTIR 图中,波数为 3000~3800 cm⁻¹均存在宽吸收峰,其对应于样品表面从空气中物理吸附的 H₂O分子。

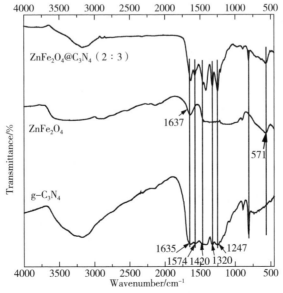

图 4-38   g-C₃N₄纳米片、ZnFe₂O₄纳米颗粒和 ZnFe₂O₄@C₃N₄(2∶3)复合材料的 FTIR 图

通过 TG/DTA 研究材料的热稳定性。由 g-C₃N₄ 纳米片的 DTA 曲线(见图 4-39)分析可知,其在空气气流 540 ℃以下稳定,温度高于 540 ℃开始发生升华或分解,在 DTA 曲线 643.9 ℃处有尖锐峰。ZnFe₂O₄@C₃N₄(2∶3)复合材料的热稳定性有所下降,这是因为 g-C₃N₄ 在 ZnFe₂O₄@C₃N₄ 中氧化和分解。DTA 曲线峰位置转移到 549.1 ℃处,低于 g-C₃N₄ 的峰位置,这是由于 ZnFe₂O₄ 和 g-C₃N₄ 之间紧密结合。依据 ZnFe₂O₄@C₃N₄ 的质量损失,计算其组成 ZnFe₂O₄ 和 g-C₃N₄ 之间的质量比为 0.374∶0.626,与原料比例相一致。

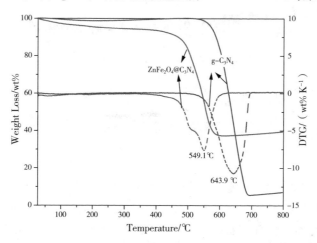

图 4-39　g-C₃N₄ 和 ZnFe₂O₄@C₃N₄(2∶3)复合材料的热分解曲线

通过 UV-Vis DRS 检测样品的光学性质。如图 4-40 所示,相对于 ZnFe₂O₄ 纳米颗粒,g-C₃N₄ 纳米片对 ZnFe₂O₄@C₃N₄(2∶3)复合材料在可见光范围内的光学性质有着重要影响。此外,相对于 g-C₃N₄ 纳米片、ZnFe₂O₄@C₃N₄ 复合材料的带边位置稍微红移。ZnFe₂O₄@C₃N₄ 复合材料对可见光吸收能力的增强,表明其可能在可见光照射下具有更高的光催化活性。依据 Kubelka-Munk 光谱函数的 $(\alpha h v)^{1/2}$ 与光子能量的对应关系如图 4-40 中的插图所示。g-C₃N₄ 纳米片、ZnFe₂O₄@C₃N₄ 复合材料和 ZnFe₂O₄ 纳米颗粒的带隙值分别近似为 2.55 eV、1.65 eV 和 1.28 eV。UV-Vis DRS 结果表明,当 ZnFe₂O₄@C₃N₄ 复合材

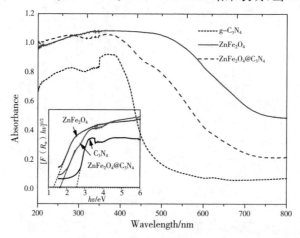

图 4-40　g-C₃N₄ 纳米片、ZnFe₂O₄ 纳米颗粒及 ZnFe₂O₄@C₃N₄(2∶3)复合材料的 UV-Vis DRS 光谱图

料在可见光照射下活化时能生成更多提高其光催化活性的光生电子,这归因于半导体与 g‑C_3N_4 载体之间的界面作用。

通过 FESEM 和 HRTEM 技术对 g‑C_3N_4 纳米片和 $ZnFe_2O_4$@C_3N_4(2∶3)的形貌结构进行分析,结果如图 4‑41 所示。图 4‑41(a)显示 g‑C_3N_4 是大尺寸的片层结构。大量 $ZnFe_2O_4$ 颗粒杂乱地负载于 g‑C_3N_4 表面形成异质结[见图 4‑41(b)]。从 $ZnFe_2O_4$@C_3N_4(2∶3)复合材料的 HRTEM 照片中可清晰地观察到 C_3N_4(亮的部分)和 $ZnFe_2O_4$(暗的部分)两相间的紧密交界面[见图 4‑41(c)],这进一步证实了 $ZnFe_2O_4$ 纳米颗粒很好地覆盖在 g‑C_3N_4 纳米片表面,并与 XRD 和 FTIR 表征结果相对应。通过单粒子的 SAED 照片对样品的晶体结构进行分析,其明亮区域表明球形结构是由高择优取向的纳米 $ZnFe_2O_4$ 晶体构成[见图 4‑41(c)]。$ZnFe_2O_4$@C_3N_4(2∶3)复合材料中 $ZnFe_2O_4$ 的(311)晶面和 g‑C_3N_4 的(002)晶面对应的晶格间距分别为 2.54Å 和 3.20Å。g‑C_3N_4 和 $ZnFe_2O_4$ 间的交界面光滑进一步证实了 $ZnFe_2O_4$@C_3N_4 异质结的存在。此外,$ZnFe_2O_4$@C_3N_4 的 EDS 图证明了 Zn、Fe、C、N 和 O 元素的存在[见图 4‑41(d)]。尽管在 TEM 观测之前样品经过强烈的机械超声,但其表征结果表明 $ZnFe_2O_4$@C_3N_4 的两组分 g‑C_3N_4 和 $ZnFe_2O_4$ 之间具有很强的结合作用,而不是简单混合。它们之间的紧密耦合促进了电子在 g‑C_3N_4 和 $ZnFe_2O_4$ 之间的转移,阻碍了光生电子‑空穴对的复合,由此强化了其光催化性能。

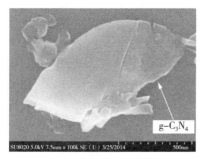

（a）g‑C_3N_4的FESEM照片

（b）$ZnFe_2O_4$@C_3N_4(2∶3)复合材料的FESEM照片

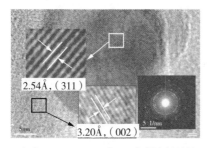

（c）$ZnFe_2O_4$@C_3N_4(2∶3)复合材料的HRTEM照片（插图为SAED照片）

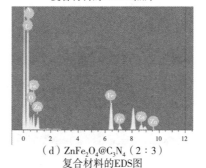

（d）$ZnFe_2O_4$@C_3N_4(2∶3)复合材料的EDS图

图 4‑41　g‑C_3N_4 纳米片的 FESEM 照片以及 $ZnFe_2O_4$@C_3N_4(2∶3)复合材料的 FESEM 照片、HRTEM 照片和 EDS 图

4.4.3　$ZnFe_2O_4$@C_3N_4复合材料的催化性能评价

金橙Ⅱ作为一种危害染料,是光催化性能检测实验中的典型降解目标,通过 $ZnFe_2O_4$@

C_3N_4(2∶3)复合材料降解金橙Ⅱ的情况评估其光催化性能。不同条件下金橙Ⅱ降解曲线如图4-42所示,其中光催化降解金橙Ⅱ的反应速率大小顺序为 $ZnFe_2O_4$@C_3N_4/H_2O_2/Vis>$ZnFe_2O_4$@C_3N_4(2∶3)/Vis>$ZnFe_2O_4$@C_3N_4(2∶3)/H_2O_2>$ZnFe_2O_4$@C_3N_4(2∶3)。如图4-42所示,在不添加催化剂和 H_2O_2 的条件下,金橙Ⅱ浓度在可见光照射前后几乎不变,表明金橙Ⅱ具有很好的稳定性。在不添加 H_2O_2、无可见光照射的条件下,由 $ZnFe_2O_4$@C_3N_4(2∶3)引起的金橙Ⅱ浓度几乎不变,表明 $ZnFe_2O_4$@C_3N_4(2∶3)对金橙Ⅱ没有强的吸附作用。在添加 $ZnFe_2O_4$@C_3N_4、存在 H_2O_2 或可见光照射的条件下,金橙Ⅱ的降解率显著提高,表明 $ZnFe_2O_4$@C_3N_4(2∶3)在金橙Ⅱ的催化降解过程中发挥着重要作用。在添加 $ZnFe_2O_4$@C_3N_4(2∶3)和 H_2O_2、可见光照射条件下,金橙Ⅱ可在240 min内被降解97%。

依据 $ZnFe_2O_4$@C_3N_4(2∶3)/H_2O_2/Vis体系降解金橙Ⅱ在不同时刻的 UV-Vis 全谱图分析反应前后金橙Ⅱ的分子结构变化,结果如图4-43所示。金橙Ⅱ分子在484.5 nm处的主吸收峰对应于染料的偶氮结构,其峰强度随着光照时间的增加而迅速减弱。当 UV-Vis 全谱图中所有吸收峰消失时,表明金橙Ⅱ已完全氧化降解。这一结果与反应液颜色变化结果相一致。此外,$ZnFe_2O_4$@C_3N_4(2∶3)复合材料在反应后易通过磁性分离,极具工业化应用前景。

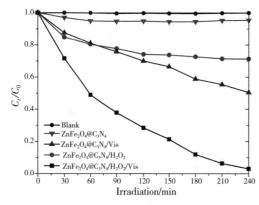

图4-42　不同条件下金橙Ⅱ降解曲线

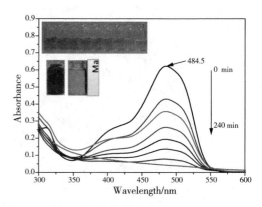

图4-43　$ZnFe_2O_4$@C_3N_4(2∶3)/H_2O_2/Vis 体系降解金橙Ⅱ的 UV-Vis 全谱图

通过伪一阶反应动力学模型对不同 $ZnFe_2O_4$ 含量的 $ZnFe_2O_4$@C_3N_4(2∶3)复合材料光催化降解金橙Ⅱ的过程进行了模拟,结果如图4-44所示。$\ln(C_t/C_0)$ 与照射时间关系曲线为直线,表明金橙Ⅱ光降解过程是伪一阶动力学反应。反应动力学常数 k 对应于拟合直线的斜率。$ZnFe_2O_4$@C_3N_4(2∶3)复合材料比 $ZnFe_2O_4$ 纳米颗粒的催化性能更优。$ZnFe_2O_4$@C_3N_4(2∶3)复合材料的催化降解速率最高,为 $0.012\ min^{-1}$,是 g-C_3N_4 纳米片和 $ZnFe_2O_4$ 纳米颗粒相同比例混合的光催化反应速率的2.4倍。结果表明,g-C_3N_4 和 $ZnFe_2O_4$ 界面的协同作用和异质结构能有效强化复合材料的催化性能。由于 g-C_3N_4 适中的带隙值和独特的电子结构展现出了良好的光催化性能,这与文献报道的结果相一致。

图4-45为不同 H_2O_2 浓度降解金橙Ⅱ的动力学曲线,图中显示 H_2O_2 初始浓度对 $ZnFe_2O_4$@C_3N_4(2∶3)复合材料在可见光条件下降解金橙Ⅱ的影响较大。当 H_2O_2 初始浓度从0.01 mol/L提高至 0.10 mol/L 时,$ZnFe_2O_4$@C_3N_4(2∶3)复合材料催化降解速率常数

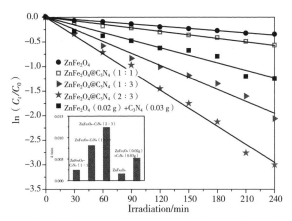

图 4-44　不同催化剂降解金橙Ⅱ的动力学曲线（插图为催化降解反应速率常数）

注：反应条件为［金橙Ⅱ］＝0.010 g/L，［催化剂］＝0.50 g/L，T＝25 ℃。

从 0.0028 min^{-1}提高到 0.012 min^{-1}，但将 H_2O_2 初始浓度提高至 0.15 mol/L 时，其降解速率常数降至 0.0085 min^{-1}。上述结果与相关文献报道结果相一致，当 H_2O_2 浓度升高时，会促进 HO·转换生成 HO_2·［式（4-16）］，但后者氧化电势比前者小。

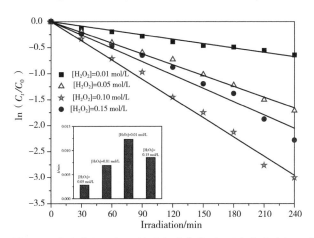

图 4-45　不同 H_2O_2 浓度降解金橙Ⅱ的动力学曲线（插图为催化降解反应速率常数）

注：反应条件为［金橙Ⅱ］＝0.010 g/L，［$ZnFe_2O_4$@C_3N_4（2∶3）］＝0.50 g/L，T＝25 ℃。

$$HO·+H_2O_2 \longrightarrow HO_2·+H_2O \qquad (4-16)$$

催化剂的循环稳定性是其工业化应用的先决条件。在相同的反应条件下，本节还研究了 $ZnFe_2O_4$@C_3N_4（2∶3）复合材料在重复五次降解金橙Ⅱ过程中的催化性能。如图 4-46 所示，$ZnFe_2O_4$@C_3N_4（2∶3）复合材料在五次循环后仍保留其 90% 的催化活性，反映了其具有优异的光催化稳定性。典型的 Fenton 反应（Fe^{2+}＋H_2O_2）在污水处理方面已应用 100 余年，但其均相反应体系和强酸条件使其应用存在诸多问题。$ZnFe_2O_4$@C_3N_4（2∶3）/H_2O_2/Vis 反应体系因其不使用酸，且催化剂具有很强的磁性和良好的循环稳定性，在水净化领域极具应用前景。

通过 XPS 谱图分析了光催化反应前后样品表面元素化学状态。$ZnFe_2O_4$@C_3N_4（2∶3）复合材料的 XPS 全谱图表明 C、N、Zn、Fe 和 O 元素共同存在，如图 4-47（a）所示。如图 4-47

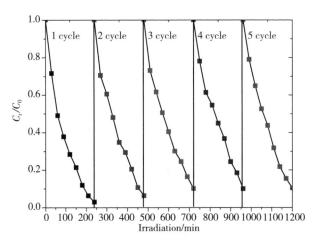

图 4 − 46　$ZnFe_2O_4@C_3N_4$（2∶3）催化降解金橙 Ⅱ 的循环利用情况

注：反应条件为［金橙 Ⅱ］＝0.010 g/L，［H_2O_2］＝0.10 mol/L，［$ZnFe_2O_4@C_3N_4$（2∶3）］＝0.50 g/L，T＝25 ℃。

（b）所示，结合能为 1044.4 eV 和 1021.4 eV 处的峰对应于 Zn $2p_{1/2}$ 和 Zn $2p_{3/2}$，表明 Zn 元素主要以 Zn^{2+} 的形式存在。在光催化反应后，Zn 的光电子峰向高结合能微移，这可能是由于反应过程中电子转移发生氧化还原反应。Fe 2p XPS 谱图显示 Fe $2p_{1/2}$ 和 Fe $2p_{3/2}$ 的主峰分别位于结合能为 724.6 eV 和 710.9 eV 处，且 Fe $2p_{3/2}$ 在结合能为 719.1 eV 处存在对应于 Fe^{3+} 的衍射峰，如图 4 − 47(c)所示。

N 1s XPS 图中，结合能为 398.82 eV、399.48 eV 和 400.88 eV 处出现的光电子峰分别对应于 C—N—C、N—$(C)_3$ 和 N—H 结构，如图 4 − 47(d)所示。C 1s XPS 图中，结合能为 288.5 eV 处的光电子峰对应于 sp^2 杂化碳（C—N＝C），结合能为 284.8 eV 处的光电子峰对应于石墨碳（氮化碳材料特征峰之一），如图 4 − 47(e)所示。O 1s XPS 图中，结合能为 531.9 eV 和 529.78 eV 的光电子峰分别对应于水分子中的—OH 和 $ZnFe_2O_4$ 中的晶格氧，如图 4 − 47(f)所示。在光催化反应前后，XPS 图无明显变化，表明 $ZnFe_2O_4@C_3N_4$ 复合材料反应前后基本不变。因此，$ZnFe_2O_4@C_3N_4$（2∶3）复合材料是稳定的可见光响应催化剂。

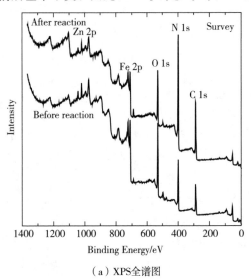

（a）XPS全谱图

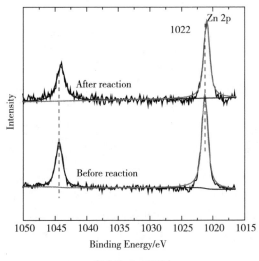

（b）Zn 2p XPS图

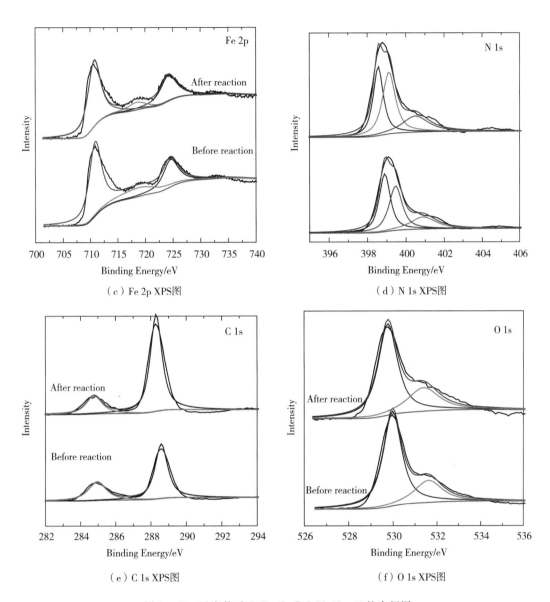

（c）Fe 2p XPS图　　　（d）N 1s XPS图

（e）C 1s XPS图　　　（f）O 1s XPS图

图4-47　反应前后 ZnFe$_2$O$_4$@C$_3$N$_4$（2∶3）的表征图

4.4.4　ZnFe$_2$O$_4$@C$_3$N$_4$复合材料催化反应机理研究

通过以上结果分析得出，ZnFe$_2$O$_4$@C$_3$N$_4$（2∶3）复合材料在可见光照射下可分解 H$_2$O$_2$ 产生强氧化活性的 HO·。图4-48展示了 ZnFe$_2$O$_4$@C$_3$N$_4$（2∶3）复合材料光降解金橙Ⅱ的反应机理。在可见光照射下，ZnFe$_2$O$_4$ 和 C$_3$N$_4$ 被激活，在它们的导带和价带分别产生光生电子和空穴。由于 ZnFe$_2$O$_4$ 的 CB 电势高于 g-C$_3$N$_4$，ZnFe$_2$O$_4$ 的光生电子易向 g-C$_3$N$_4$ 表面转移；相反，由于 g-C$_3$N$_4$ 的 VB 电势高于 ZnFe$_2$O$_4$，g-C$_3$N$_4$ 的光生空穴易向 ZnFe$_2$O$_4$ 转移。这一过程可有效提高光生电子-空穴对的分离，减弱光生电荷的复合。因此，ZnFe$_2$O$_4$ 和 g-C$_3$N$_4$ 的复合可形成异质结，提高光降解效率。目前，光催化过程活性自由基主要以光生空穴、HO·和 O_2^-·为主。光生电子可以与催化剂表面化学吸附的 O_2 反应生成强氧化自由基 O_2^-·，O_2^-·又可与溶液中的 H^+ 作用形成 H_2O_2，H_2O_2 进一步与电子作用生成 HO·，HO·则能氧化降解催化剂表面吸附的金橙 II 分子。空穴可与表面吸附的 H_2O 生成 HO·或直接氧化金橙 II 生成 CO_2、H_2O 等。

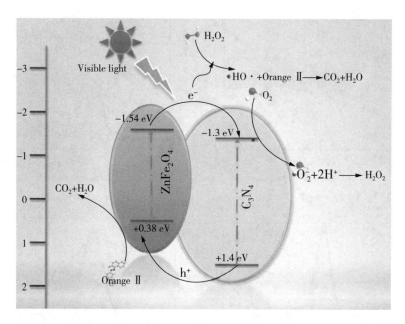

图 4-48　$ZnFe_2O_4@C_3N_4(2:3)/H_2O_2/Vis$ 体系降解金橙 II 的反应机理图

为进一步揭示 $ZnFe_2O_4@C_3N_4/H_2O_2/Vis$ 体系的光催化机理，使用自由基捕捉剂确定反应的主要氧化基团。TBA(5 mg)和 BQ(5 mg)分别作为 HO·和 O_2^-·的捕捉剂。图 4-49 清晰地揭示了 TBA 和 BQ 能有效抑制金橙 II 降解，这一结果表明 HO·和 O_2^-·确实作为氧化自由基参与矿化反应。基于上述结果和文献报道，得到光吸收、电荷转移、自由基生成与金橙 II 降解机制，具体反应方程式如下：

$$ZnFe_2O_4-C_3N_4+h\upsilon \longrightarrow ZnFe_2O_4(h^++e^-)-C_3N_4(h^++e^-) \qquad (4-17)$$

$$ZnFe_2O_4(h^++e^-)-C_3N_4(h^++e^-) \longrightarrow ZnFe_2O_4(h^+)-C_3N_4(e^-) \qquad (4-18)$$

$$ZnFe_2O_4(h^+)+Orange\ II \longrightarrow (Orange\ II)^+ \cdot \longrightarrow CO_2+H_2O \qquad (4-19)$$

$$O_2+e^- \longrightarrow O_2^- \cdot \qquad (4-20)$$

$$O_2^- \cdot +2H^++e^- \longrightarrow H_2O_2 \qquad (4-21)$$

$$H_2O_2+e^- \longrightarrow HO \cdot +OH^- \qquad (4-22)$$

$$HO \cdot +Orange\ II \longrightarrow CO_2+H_2O \qquad (4-23)$$

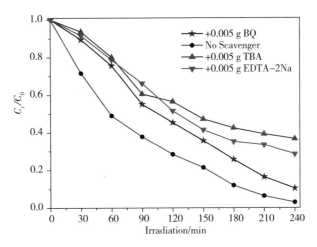

图 4 - 49　不同抑制剂对 $ZnFe_2O_4@C_3N_4(2:3)/H_2O_2/Vis$ 体系降解金橙 II 的影响

4.4.5　小结

本节在 90 ℃ 甲醇溶液中将 $ZnFe_2O_4$ 纳米颗粒(粒径为 19.1 nm)和 $g-C_3N_4$ 纳米片混合回流,简易制备了磁性 $ZnFe_2O_4@C_3N_4(2:3)$ 复合材料,并且通过 XRD、FTIR、TG - DTA、XPS、FESEM、HRTEM、UV - Vis 对其进行了表征。通过以 H_2O_2 为氧化剂,$ZnFe_2O_4@$ $C_3N_4(2:3)$ 复合材料为催化剂,在可见光(λ 大于 420 nm)照射条件下进行光 Fenton 反应降解金橙 II 以评估复合材料的催化性能。同时研究了其反应动力学、催化降解机理、催化剂稳定性以及组分 $ZnFe_2O_4$ 和 $g-C_3N_4$ 在反应中发挥的作用。结果表明,$ZnFe_2O_4@C_3N_4(2$ $:3)/H_2O_2/Vis$ 体系比传统 Fenton 体系(Fe^{2+}/H_2O_2)效能更优,$ZnFe_2O_4@C_3N_4(2:3)$ 光催化剂在中性条件下展现出极强的催化活性。$ZnFe_2O_4@C_3N_4(2:3)$ 复合材料具有较高的催化降解速率常数(0.012 min^{-1}),其催化降解速率常数是同比例 $ZnFe_2O_4$ 和 $g-C_3N_4$ 混合物降解速率的近 2.4 倍。研究表明,$g-C_3N_4$ 可与 $ZnFe_2O_4$ 形成异质结构促进光生电子与空穴分离,也可作为催化剂促进 H_2O_2 分解生成 $HO·$。$ZnFe_2O_4@C_3N_4(2:3)$ 复合材料具有稳定的催化性能,在五次循环使用后催化性能基本不变,表明其能应用于光催化降解有机污染物领域。

第5章　基于碳纳米管的复合材料的制备及其催化氧化性能研究

5.1　引　　言

　　碳纳米管是一种用途相当广泛的碳基材料,其中在催化新材料领域的应用最引人关注。由于碳纳米管上碳原子的 p 电子形成大范围的离域 π 键,共轭效应显著,因此碳纳米管具有优异的电子传输性。这一特性有助于其与金属纳米颗粒之间形成特殊的金属-载体强相互作用,提高复合材料的催化活性。同时,碳纳米管具有良好的韧性、较高的强度和热稳定性,这些性质在一定程度上提升了碳基催化材料的稳定性。此外,碳纳米管具有中空管内腔、管间堆积孔构成的复合孔结构,在贡献较大比表面积的同时也为化学反应提供了重要场所。

　　碳纳米管的上述特性使其在催化新材料领域具有巨大的应用潜力。本章主要介绍了基于碳纳米管的复合催化剂的制备、性能调控以及其催化氧化作用机制。

5.2　硼/氮共掺杂碳纳米管包覆磁性铁金属钠米粒子 (Fe@C-BN)复合材料的制备及其催化氧化性能研究

5.2.1　Fe@C-BN 复合材料的制备

　　本研究分别以硼酸（H_3BO_3）、三聚氰胺（$C_3N_6H_6$）、九水合硝酸铁 [$Fe(NO_3)_3 \cdot 9H_2O$]作为硼源、碳源和氮源以及铁源,并采用简易的热解法合成 Fe@C-BN复合材料。具体步骤如下:(1)称取 0.12 mol H_3BO_3 和 0.06 mol $C_3N_6H_6$ 加入装有 300 mL 去离子水的烧杯中,在 85 ℃条件下持续搅拌,直至溶液澄清;再将不同物质的量（3 mmol、4 mmol、6 mmol、12 mmol）的$Fe(NO_3)_3 \cdot 9H_2O$加入上述澄清溶液中搅拌 4 h 得均相混合溶液;将均相澄清溶液置于 115 ℃干燥后研磨得到均相粉末;将均相粉末置于石英管中,并将石英管置于管式电阻炉的均温区,在流率为 0.1 mL/min 的 N_2 气氛中以 2.5 ℃/min 的速率分别升温至 700 ℃、800 ℃、900 ℃和 1000 ℃,恒温 3 h;待反应结束后,将石英管在 N_2 气氛中冷却至室温,得到黑色粉末;(2)将步骤(1)得到的黑色粉末置于圆底烧瓶中,于 75 ℃条件下用甲醇回流 2 h,再将沉淀物用乙醇、去离子水多次洗涤,最后分离,在 80 ℃条件下干燥,即得目标产物 Fe@C-BN 复合材料。Fe@C-BN 复合材料的合成路线图如图 5-1 所示。

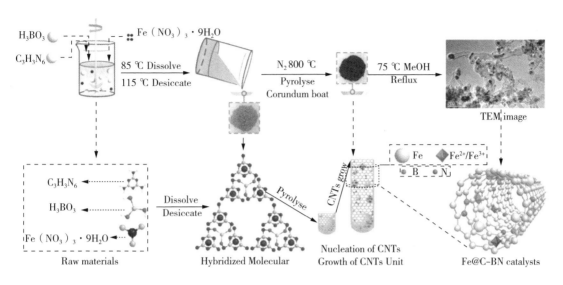

图 5-1　Fe@C-BN 复合材料的合成路线图

5.2.2　Fe@C-BN 复合材料的表征

　　图 5-2 为 Fe@C-BN 系列复合材料的 XRD 图。图中，Fe@C-BN 系列复合材料在 2θ 为 $26.4°$ 处对应的衍射峰是晶面为(002)的石墨碳，与碳纳米管的结构特征相一致。在 2θ 为 $44.6°$ 处对应的衍射峰是晶面为(110)的 α-Fe(JCPDS,06-0696)，表明 Fe^{3+} 在热解过程中被 $C_3N_6H_6$ 热解产生的碳氮混合物还原为金属单质铁。部分 Fe@C-BN 复合材料在 2θ 为 $35.7°$ 处出现了 γ-Fe_2O_3 的特征衍射峰，该峰值强度较弱，可能是 $Fe(NO_3)_3\cdot9H_2O$ 在热解

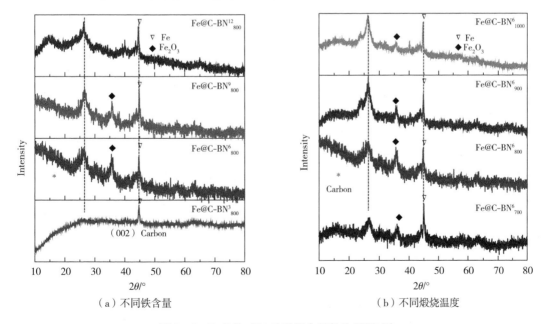

(a) 不同铁含量　　　　　　　　　　(b) 不同煅烧温度

图 5-2　Fe@C-BN 系列复合材料的 XRD 图

过程产生的。另外,Fe@C-BN$_{1000}^{6}$复合材料中还出现了一些微弱的特征峰,分析得出特征峰对应的物质为Fe$_3$C和FeN。

图5-3为Fe@C-BN系列复合材料在空气条件下的TGA曲线。图中,Fe@N-C系列复合材料在温度为300～700 ℃的热失重是由碳的热解导致的,而在800 ℃出现的重量增加现象可能是由复合材料中的单质铁被氧化造成的。TGA分析结果表明随着复合材料合成温度的上升,铁含量逐渐增加,这是因为煅烧温度的升高可加快复合材料的合成。同理,同一煅烧温度条件下,原料中铁含量的不同所制得的复合材料的铁含量也不同,原料中的铁含量越高,则复合材料中的铁含量越高。TGA的实验结果充分证明了煅烧温度和原料配比对复合材料中碳的形态、石墨化程度以及铁的含量均产生了显著的影响。因此,煅烧温度和原料配比亦可影响复合材料的催化活性。

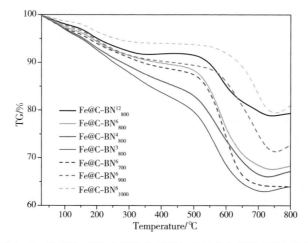

图5-3 Fe@C-BN系列复合材料在空气条件下的TGA曲线

本研究采用SEM和TEM技术进一步研究了Fe@C-BN$_{800}^{6}$复合材料的形貌与结构(见图5-4)。图5-4(a)为Fe@C-BN$_{800}^{6}$复合材料的FESEM照片,从照片中可得其主体为生长方向具有一定随意性的碳纳米管,部分碳纳米管相互交织,形成缠结结构。由图5-4(b)可以看出铁金属纳米粒子被碳纳米管有效包覆(白色箭头指出)。结合HRTEM照片分析可得Fe@C-BN$_{800}^{6}$的外径为20～150 nm,而碳层的厚度为5～20 nm[见图5-4(c)～(e)]。从HRTEM照片可以清晰地看出金属纳米粒子被结晶碳层紧紧包覆,形成了核壳结构。分析图5-4(d)和(e)可得金属纳米粒子的原子晶格条纹间距为0.25 nm,对应于晶面为(311)的Fe$_2$O$_3$,碳层的原子晶格条纹间距为0.34 nm,对应于晶面为(002)的碳纳米管。图5-4(f)为Fe@C-BN$_{800}^{6}$复合材料的EDS图,从图中分析可得Fe@C-BN$_{800}^{6}$复合材料主要由C、B、N、Fe以及O元素组成。结合Fe@C-BN$_{800}^{6}$复合材料的元素分布图(见图5-5),可得B、N分布在碳纳米管上,表明B、N有效掺杂在碳层表面。

碳包覆铁金属纳米粒子核壳结构的形成不仅有效保护金属纳米粒子不被外界环境所侵蚀,增强了复合材料的稳定性,而且核壳结构有利于Fe@C-BN系列复合材料的电子传输。在催化反应过程中,处于碳层中心位置的金属通过与碳层表面的电子传输作用,间接影响碳层表面的催化活性,从而促进催化反应的进行。同时,B、N的掺杂增加了碳层表面的活性位点,进一步提高了复合材料的催化氧化性能。

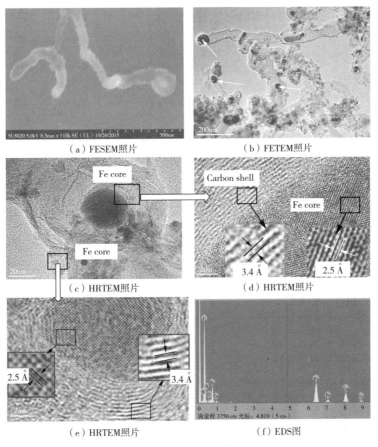

（a）FESEM照片 （b）FETEM照片

（c）HRTEM照片 （d）HRTEM照片

（e）HRTEM照片 （f）EDS图

图 5-4 Fe@C-BN$_{800}^{6}$复合材料的结构表征图

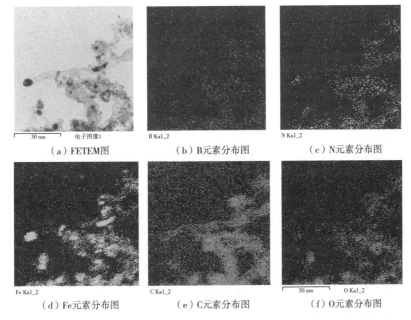

（a）FETEM图 （b）B元素分布图 （c）N元素分布图

（d）Fe元素分布图 （e）C元素分布图 （f）O元素分布图

图 5-5 Fe@C-BN$_{800}^{6}$复合材料的 FETEM 照片以及对应的元素分布图

5.2.3　Fe@C-BN 复合材料的催化性能评价

本研究系统考察了 Fe@C-BN 系列复合材料与 PMS 作用降解金橙Ⅱ的催化效果。图 5-6 为单独使用 Fe@C-BN 系列复合材料、PMS 降解金橙Ⅱ的反应曲线,从图中可得金橙Ⅱ的浓度未发生明显变化,表明 Fe@C-BN 系列复合材料未能对金橙Ⅱ有效吸附,且氧化剂 PMS 本身对金橙Ⅱ无降解效果。

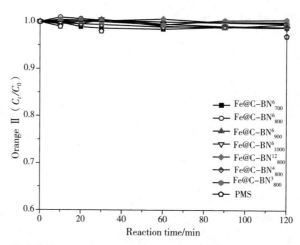

图 5-6　单独使用 Fe@C-BN 系列复合材料、PMS 降解金橙Ⅱ的反应曲线
注:反应条件为[金橙Ⅱ]=20 mg/L,[Fe@C-BN]=20 mg/L,[PMS]=0.10 g/L,T=25 ℃。

图 5-7(a)和图 5-7(b)分别为不同煅烧温度 Fe@C-BN 系列复合材料与 PMS 作用降解金橙Ⅱ的反应曲线及对应的伪一阶动力学曲线。从图中可得 Fe@C-BN$_{800}^{6}$ 与 PMS 作用降解效率最高,Fe@C-BN$_{800}^{6}$、Fe@C-BN$_{700}^{6}$、Fe@C-BN$_{900}^{6}$ 和 Fe@C-BN$_{1000}^{6}$ 对应的伪一阶动力学常数 k_{obs} 分别为 0.058 min^{-1}、0.020 min^{-1}、0.011 min^{-1}和 0.004 min^{-1}。反应动力学常数的大小同样表明 Fe@C-BN$_{800}^{6}$ 的催化活性最优。图 5-7(c)和 5-7(d)分别为不同物质的量 Fe(NO$_3$)$_3$·9H$_2$O 所合成的 Fe@C-BN 与 PMS 作用降解金橙Ⅱ的反应曲线及对应的伪一阶动力学曲线。从图中可得 Fe@C-BN$_{800}^{6}$ 复合材料与 PMS 作用降解效率最高,对应的伪一阶动力学常数 k_{obs} 为 0.058 min^{-1},Fe@C-BN$_{800}^{3}$、Fe@C-BN$_{800}^{4}$ 和 Fe@C-BN$_{800}^{12}$ 对应的伪一阶动力学常数 k_{obs} 分别为 0.015 min^{-1}、0.020 min^{-1}和 0.013 min^{-1}。

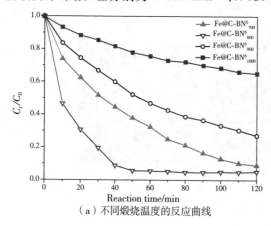

（a）不同煅烧温度的反应曲线

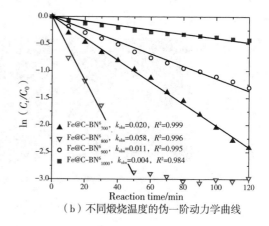

（b）不同煅烧温度的伪一阶动力学曲线

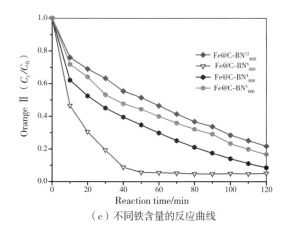

（c）不同铁含量的反应曲线

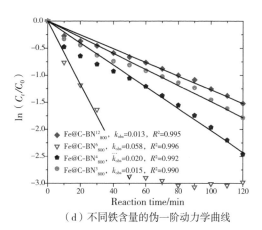

（d）不同铁含量的伪一阶动力学曲线

图 5-7　Fe@C-BN 系列复合材料与 PMS 作用降解金橙 II 的反应曲线及对应的伪一阶动力学曲线

注：反应条件为[金橙 II]=20 mg/L,[Fe@C-BN]=20 mg/L,[PMS]=0.10 g/L,T=25 ℃。

以上实验结果表明复合材料煅烧温度和原料配比对复合材料的催化活性产生了较大的影响,同时,也间接体现出煅烧温度以及原料配比在复合材料制备过程中的重要性。本研究以催化活性最优的 Fe@C-BN$_{800}^{6}$ 复合材料为研究对象,进行了一系列更为深入的研究。

图 5-8 为不同催化剂与 PMS 作用降解金橙 II 的反应曲线。图中,Fe@C-BN$_{800}^{6}$ 复合材料与 PMS 作用,在 60 min 的反应时间内降解了 94.5% 的金橙 II。相比较而言,Fe(NO)$_3$·9H$_2$O、Fe$_3$O$_4$、Fe$_2$O$_3$ 以及 BN 化合物降解金橙 II 的效率较差。FeSO$_4$·7H$_2$O 和 Co$_3$O$_4$ 在 120 min 的反应时间内复合材料复合材料与 PMS 的作用分别降解 27.4% 以及 14.8% 的金橙 II 有机染料。结合图 5-6 分析得出,金橙 II 有机溶液被 Fe@C-BN$_{800}^{6}$ 复合材料与 PMS 的作用有效降解,而不是通过催化剂吸附被去除。同时,从图 5-8 中可看出,Fe@C-BN$_{800}^{6}$ 复合材料具有良好的催化活性,且铁离子催化降解效率较差的结果也间接证明 Fe@C-BN$_{800}^{6}$ 复合材料与 PMS 发生了非均相催化氧化作用。

为了进一步阐明金橙 II 降解过程中分子结构的变化,采用紫外-可见分光光度计对 Fe@CB-N$_{800}^{6}$/PMS 体系在不同反应时间下的反应溶液进行了测量(见图 5-9)。图中,污染物金橙 II 在 484 nm 处具有最大吸收波长,分析得这一波长下对应的是金橙 II 分子结构中的偶氮化合物的 n—p * 振动。同样的,金橙 II 在 228 nm 和 310 nm 处分别对应的是奈环的 p—p * 振动和芳香族苯环化合物。随着反应的进行,金橙 II 在 229 nm、310 nm 和 484 nm 处的吸收峰不断减弱,同时在 250 nm 波长下出现了新的吸收峰,且该吸收峰随着反应的进行不断地增强。这一现象充分说明了污染物金橙 II 的分子结构被破坏,并且产生了新的中间产物。反应过程中金橙 II 溶液颜色的变化同样证明了金橙 II 被有效降解。通过对 Fe@C-BN$_{800}^{6}$/PMS 体系下反应溶液的总有机碳(TOC)测量,发现随着金橙 II 的降解,溶液中有机碳含量未出现明显降低,这可能是由于金橙 II 结构被破坏,产生了大量的小分子有机物,总有机碳并未发生明显的降低。

图 5-10 为不同 pH 条件下 Fe@C-BN$_{800}^{6}$/PMS 降解金橙 II 的反应曲线,图中 pH$_i$ 代表反应液的初始 pH,pH$_o$ 为反应结束后溶液的 pH。分析图 5-10 可得,Fe@C-BN$_{800}^{6}$/PMS 体系在 pH 为 2.97~9.45 时,均可快速降解金橙 II,表明该体系的 pH 适用范围较广,解决

了传统方法只能在 pH＝3 时适用的缺陷；当 pH 不同时，反应速率的差异可能是因为随着 pH 的变化，催化剂表面电荷、催化剂表面和污染物分子之间的静电作用以及催化剂氧化过程中产生的带电自由基的数目发生变化，因而影响了催化反应速率；另外，反应结束后的溶液 pH 减少，这是由催化氧化过程中产生的 H^+ 导致的，这与 Jiang 等报道的研究成果相符合。

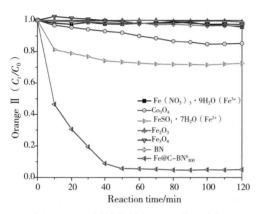

图 5-8　不同催化剂与 PMS 作用降解
金橙 Ⅱ 的反应曲线
注：反应条件为［金橙Ⅱ］＝20 mg/L，
［催化剂］＝20 mg/L，
［PMS］＝0.10 g/L，T＝25 ℃。

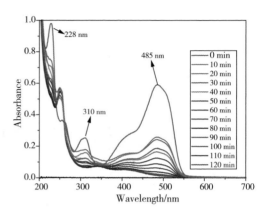

图 5-9　Fe@CB-N$_{800}^6$/PMS 体系不同
反应时间下 UV-Vis 光谱图
注：反应条件为［金橙Ⅱ］＝20 mg/L，
［Fe@C-BN$_{800}^6$］＝20 mg/L，
［PMS］＝0.10 g/L，T＝25 ℃。

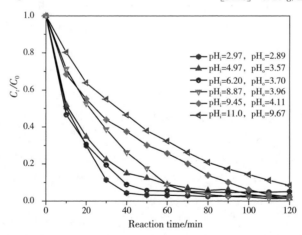

图 5-10　不同 pH 条件下 Fe@C-BN$_{800}^6$/PMS 降解金橙 Ⅱ 的反应曲线
注：反应条件为［金橙Ⅱ］＝20 mg/L，［Fe@C-BN$_{800}^6$］＝20 mg/L，［PMS］＝0.10 g/L，T＝25 ℃。

　　以 Fe@C-BN$_{800}^6$/PMS 体系为研究对象，进一步考察了不同氧化剂（PMS、PDS、H_2O_2）及用量、反应温度、不同阴离子以及不同污染物对 Fe@C-BN$_{800}^6$ 复合材料降解效果的影响（见图 5-11）。图 5-11(a)为 Fe@C-BN$_{800}^6$ 复合材料与 PMS、PDS、H_2O_2 作用降解金橙 Ⅱ 的反应曲线，从图中可得 Fe@C-BN$_{800}^6$ 复合材料与 PMS 作用降解金橙 Ⅱ 的效率最佳，导致这一现象的原因可能是具有非对称结构的 PMS 相对于具有对称性结构的 PDS 和 H_2O_2 而言，活性更高，更易与 Fe@C-BN$_{800}^6$ 复合材料作用。且在 PMS 用量为 0.1 g/L 以下时，金橙Ⅱ

的降解效率随着 PMS 用量的增加而不断提高;当 PMS 的用量超过 0.1 g/L 时,催化效率基本保持不变,因此,后续实验过程中采用0.1 g/L的 PMS 浓度进行实验。

图 5-11(b)为反应温度对催化效率的影响,从图中可得,随着反应温度的升高,金橙Ⅱ的降解速率急剧增大。温度上升加快反应进行的原因主要在于:一方面,温度上升,水溶液中的 PMS 受热活化产生更多的活性自由基;另一方面,反应温度的上升降低了金橙Ⅱ降解过程中所需的活化能,进而加快催化反应速率。

图 5-11(c)为不同阴离子对 Fe@C-BN$_{800}^6$/PMS 体系下金橙Ⅱ降解效果的影响,由图可得,各类阴离子均对金橙Ⅱ的降解存在着一定的抑制作用,且抑制作用的效果如以下顺序:$S_2O_3^{2-}$>HCO_3^->CO_3^{2-}>NO_2^->$HCOO^-$>Cl^->HPO_4^{2-}>NO_3^->$H_2PO_4^-$>SO_4^{2-}>CH_3COO^-。导致这一现象的主要原因是不同阴离子以及反应产生的中间产物覆盖在 Fe@C-BN$_{800}^6$复合材料表面,使 Fe@C-BN$_{800}^6$复合材料表面的活性位点不能有效与 PMS 作用,从而降低催化效率。

图 5-11(d)为不同污染物的降解曲线图,从图中可得,Fe@C-BN$_{800}^6$复合材料与 PMS 作用可高效降解甲基橙(Methyl orange)、甲基紫(Methyl violet)、亚甲基蓝(Methylene

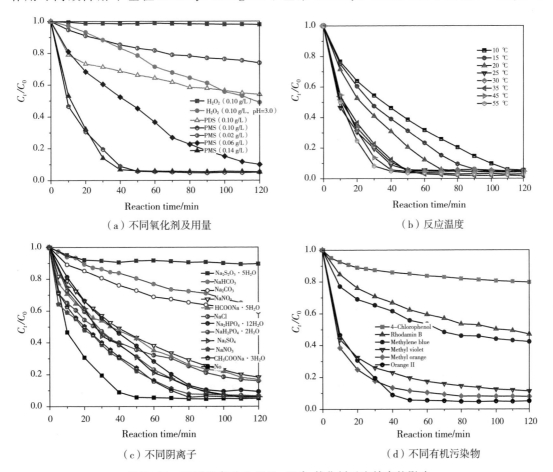

(a)不同氧化剂及用量　　　　　　　　　　(b)反应温度

(c)不同阴离子　　　　　　　　　　(d)不同有机污染物

图 5-11　不同因素对 Fe@C-BN$_{800}^6$催化剂反应效率的影响

注:反应条件为[金橙Ⅱ]=20 mg/L,[Fe@C-BN$_{800}^6$]=20 mg/L,[PMS]=0.10 g/L,T=25 ℃。

blue)、罗丹明 B(Rhodamine B)以及 4 -氯苯酚(4 - chlorophenol),几种污染物在 120 min 的反应时间里降解效率分别为 92.1%、88.8%、57.7%、52.9%以及 20.3%。几种污染物降解效率的不同可能是由各污染物分子结构的不同导致的,同时,该实验结果表明 Fe@C - BN$_{800}^6$/PMS 体系可降解不同类型的有机污染物,具有很好的优越性和普适性,在不同类型的污水处理领域具有潜在的应用价值。

复合材料的重复性是决定复合材料能否工业化应用的一个重要指标,实验以 Fe@C - BN$_{800}^6$复合材料为研究对象,考察了复合材料的重复利用效果(见图 5 - 12)。图 5 - 12(a)中,Fe@C - BN$_{800}^6$复合材料在经过五次循环使用后仍可降解 62.8%的金橙 II,这表明复合材料的催化稳定性较好。图 5 - 12(b)中,催化剂的伪一阶反应动力学常数从第一次反应的 0.058 min^{-1}降至第五次反应的 0.009 min^{-1},导致催化速率不断降低的原因可能是复合材料表面化学成分以及结构变化,包括反应中间产物堆积在复合材料的表面,从而覆盖表面活性位点。另外,反应过程中孔结构的变化以及铁金属纳米粒子的浸出都可能是导致催化活性降低、反应速率减慢的原因。采用原子吸收法测量了反应过程中的铁离子浸出,得

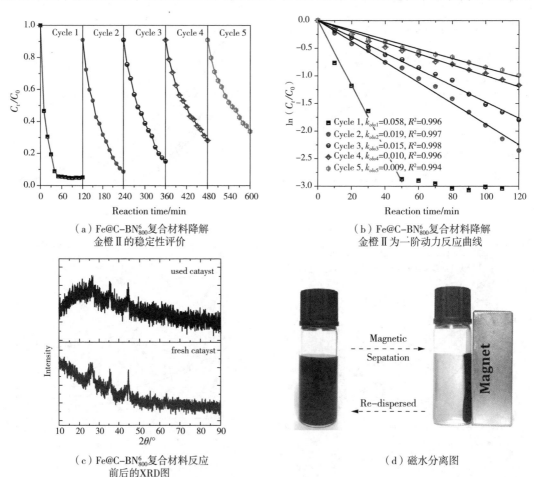

（a）Fe@C-BN$_{800}^6$复合材料降解
金橙 II 的稳定性评价

（b）Fe@C-BN$_{800}^6$复合材料降解
金橙 II 为一阶动力反应曲线

（c）Fe@C-BN$_{800}^6$复合材料反应
前后的XRD图

（d）磁水分离图

图 5 - 12　Fe@C - BN$_{800}^6$复合材料的重复利用效果考察

第5章│基于碳纳米管的复合材料的制备及其催化氧化性能研究

到铁离子的浸出浓度为 0.54 mg/L,铁离子浸出量小于 1 mg/L,这一浸出浓度符合国际排放标准(小于2 mg/L)。实验对反应后的复合材料进行了 XRD 测量,从图 5-12(c)中可得反应后复合材料的晶相未发生明显变化,这进一步说明了复合材料的稳定性较好。图 5-12(d)中,Fe@C-BN$_{800}^6$复合材料在外加磁力的作用下,可有效实现磁水分离,表明该复合材料具有很好的铁磁性,这一特性为复合材料的工业化应用奠定了基础。

5.2.4 Fe@C-BN 复合材料催化反应机理研究

为了阐明 Fe@C-BN 复合材料作用机制,本研究采用自由基抑制实验探究催化降解过程中自由基的种类及其作用,以 Fe@C-BN$_{800}^6$复合材料为例,采用 XPS 分析复合材料反应前后组成的变化,进而推断复合材料的活性组分,具体分析过程如下。

据文献报道,在 PMS 参与的催化降解反应中,SO$_4^-$·和 HO·作为主要的自由基将污染物氧化分解。因此,为了验证两种自由基参与反应过程,采用多种抑制剂进行验证实验。大量研究发现,MeOH 通常用来抑制溶液中产生的 SO$_4^-$·和 HO·,而 TBA 主要用来抑制 HO·。采用不同浓度的 MeOH 和 TBA 进行抑制实验(见图 5-13)。

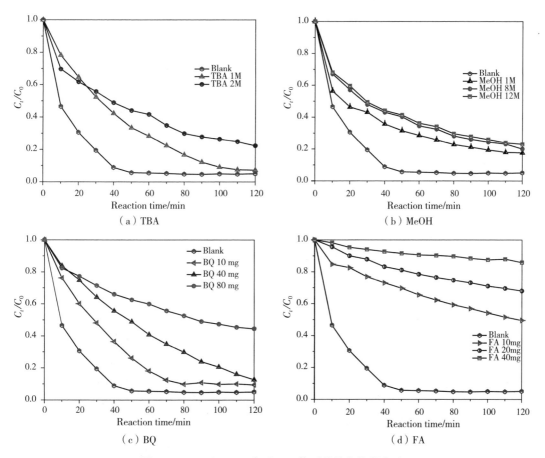

图 5-13 Fe@C-BN$_{800}^6$/PMS 体系的催化抑制实验

注:反应条件为[金橙Ⅱ]=20 mg/L,[Fe@C-BN$_{800}^6$]=20 mg/L,[PMS]=0.10 g/L,T=25 ℃。

从图 5-13(a)中可得,Fe@C-BN$_{800}^6$复合材料在没有抑制剂的作用下,120 min 反应时间内降解 95% 的金橙 Ⅱ,而使用 TBA 时,金橙 Ⅱ 的降解速率有所降低,这表明 HO· 参与金橙 Ⅱ 降解过程。从图 5-13(b)中可得,使用 1 mol/L 的 MeOH 可实现对反应的有效抑制,而随着 MeOH 浓度的增加,抑制效果未发生明显变化,导致这一现象的原因可能是降解反应发生在复合材料的表面,而亲水性的 MeOH 不能有效捕捉复合材料表面产生的自由基,因此,当增大 MeOH 浓度抑制降解反应时,效果不变。据文献报道,BQ 可与复合材料表面产生的 SO_4^-· 发生反应,实现对降解反应的抑制。采用不同浓度的 BQ 进行抑制实验,反应曲线如图 5-13(c)所示。结果表明,BQ 可有效抑制反应的进行,金橙 Ⅱ 的降解效率显著下降。抑制剂的实验结果表明,SO_4^-· 和 HO· 都参与催化降解过程,且 SO_4^-· 起到了主要的降解作用。

FA 作为自然界中有机物质的主要组成成分(占 70%),是一种常见的有机污染物。研究过程中考察了 FA 对 Fe@C-BN$_{800}^6$ 复合材料催化降解金橙 Ⅱ 的影响,反应曲线如图 5-13(d)所示。图中,金橙 Ⅱ 的降解效率随着 FA 的加入而显著降低。当使用 10 mg 的 FA 时,金橙 Ⅱ 的降解效率由 95% 降至 50.5%,且降解效率随着 FA 用量的增加不断降低。导致这一现象的原因是 FA 的使用消耗了反应过程中产生的自由基,从而只有越来越少的自由基与金橙 Ⅱ 作用。

为进一步探明复合材料活性组分,实验以 Fe@C-BN$_{800}^6$ 复合材料为研究对象,对其反应前后元素的变化进行了分析,图 5-14 为 Fe@C-BN$_{800}^6$ 复合材料反应前后的 XPS 图,从图 5-14(a)中可得 Fe@C-BN$_{800}^6$ 复合材料主要由 B、N、C、O 以及 Fe 元素组成。其中,图 5-14(b)为 Fe@C-BN$_{800}^6$ 复合材料中 B 元素反应前后的 XPS 图,从图中可得 B 元素的存在形式主要有 h-BN(190.7 eV)和 C-NB(192.2 eV),表明了 B 原子被引入了碳框架中,实现了有效掺杂。且反应后的 B 元素含量有所降低,这可能是 B 元素参与金橙 Ⅱ 降解反应过程导致的。图 5-14(c)为 Fe@C-BN$_{800}^6$ 复合材料中 N 元素反应前后的 XPS 图,从图中可得 N 元素的存在形式主要有吡啶 N(398.3 eV)和石墨 N(400.2 eV)。此外,由于 Fe-N 化合物的结合能与吡啶 N 的结合能相近,分析 N 元素 XPS 图得 N 元素在结合能为 398.3 eV 处还可能包括 Fe-N 化合物。据文献报道,吡啶 N 和石墨 N 都被认为是氧化还原反应的催化活性位点,N 元素的活性掺杂也被认为是提高催化性能的重要方法。

图 5-14(d)为 C 元素反应前后的 XPS 图,图中 C 元素在结合能为 284.8 eV、285.7 eV 以及 288.4 eV 处对应的特征峰分别为碳层中的 C-C 键、C-OH 键以及 C=O 官能团。分析图 5-14(e)得 O 元素在结合能为 530.3 eV、531.5 eV、532.5 eV 以及 533.7 eV 处对应的特征峰分别为 O-Fe 化合物、氢氧化物、O-B 以及 O-N 化合物。而 Fe 元素的主要存在形式主要有单质铁(707.3 eV)、Fe^{2+}(709.5 eV)以及 Fe^{3+}(711.5 eV 和 713.2 eV)[见图 5-14(f)]。分析图 5-14(f)得反应后的单质铁含量减少,且 Fe^{2+} 和 Fe^{3+} 的位移发生变化,这是 Fe 元素参与催化反应导致的。对比分析反应前后各元素的变化发现反应后 B、N、C、O 以及 Fe 元素的峰值发生位置偏移,这可能是因为元素与 PMS 之间产生了电子转移,改变了元素原有的电子配位。

综上分析,将 Fe@C-BN 系列复合材料活化 PMS 降解有机污染物的机理总结如下:

一方面,Fe@C-BN 系列复合材料中的 Fe^0 活化 PMS 产生大量的 SO_4^-·[式(5-1)],且 Fe^0 活化 PMS 产生的 SO_4^-· 的浓度大于同等物质的量的 Fe^{2+} 活化 PMS 产生的 SO_4^-·

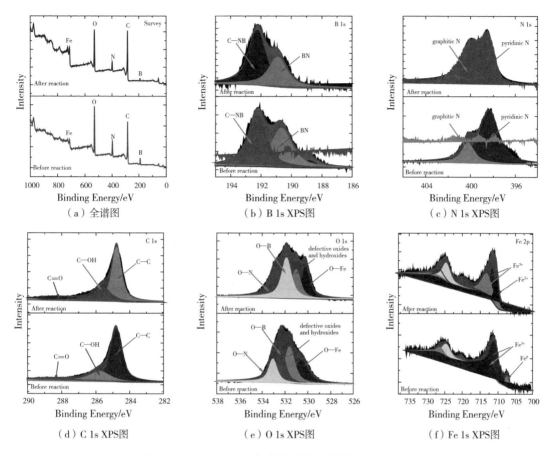

图 5-14　Fe@C-BN$_{800}^6$复合材料反应前后的 XPS 图

的浓度，因此 Fe° 比 Fe^{2+} 和铁氧化物的催化活性高。另外，Fe^{2+} 亦可催化 PMS 产生 SO$_4^-$ · 和 Fe^{3+}，而 Fe^{3+} 再与 PMS 作用生成 SO$_5^-$ · 和 Fe^{2+}［式(5-2)和式(5-3)］。

$$2HSO_5^- + Fe^0 \longrightarrow Fe^{2+} + 2SO_4^- \cdot + 2OH^- \tag{5-1}$$

$$HSO_5^- + Fe^{2+} \longrightarrow Fe^{3+} + SO_4^- \cdot + OH^- \tag{5-2}$$

$$HSO_5^- + Fe^{3+} \longrightarrow Fe^{2+} + SO_5^- \cdot + H^+ \tag{5-3}$$

研究表明，在任意 pH 条件下，SO$_4^-$ · 的存在可促进 HO · 的形成，而自由基的形成可实现对有机污染物的氧化降解。除此之外，有报道称碳纳米管可作为电子供体通过与 PMS 的非自由基作用降解有机污染物，且 SO$_4^-$ · 在氧化降解有机污染物反应中也参与了电子转移过程。这一系列分析结果均表明 Fe@C-BN 系列复合材料可高效活化 PMS 去除水中的有机污染物。Fe@C-BN/PMS 体系催化反应机理图如图 5-15 所示。

另一方面，Fe@C-BN 系列复合材料所具有的独特结构亦可增加复合材料的活性位点。如复合材料中 sp^2 杂化的碳层、锯齿形的碳层边缘以及富电子的氧化物均可作为活性位点来活化 PMS。另外，碳层中高度共价的 π 电子可以活化 PMS 结构中的 O—O 键，同时，

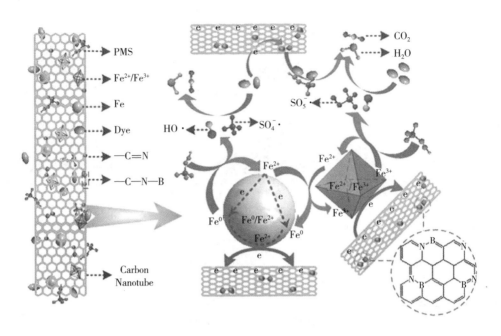

图 5-15　Fe@C-BN/PMS 体系催化反应机理图

掺杂的 B 原子以及 N 原子通过与 C 原子的电子传输作用激活相邻 C 原子，为 C 原子提供更多的电子，进而有效提升复合材料的活性。有报道称组成碳层的碳环中 N/B 原子和 C 原子之间电负性的差异可促进相邻碳环产生带电位点，从而加快氧化还原反应的速率。结合 XPS 分析可得，复合材料表面的 Fe 与 B、N 以及 O 形成的 $Fe-B_x$、$Fe-N_x$ 和 $Fe-O_x$ 等化合物亦可成为催化反应的活性位点。此外，Fe@C-BN 系列复合材料中，由于铁与碳层之间的电子转移以及碳层表面氮原子、硼原子和碳原子之间的转移有效降低了碳层表面电子传输阻力，这一电子供体-受体系统对催化性能的提高起到至关重要的作用。且碳纳米管包覆铁金属纳米粒子结构可有效保护铁离子受外界环境影响，从而减缓铁金属纳米粒子的侵蚀。因此，Fe@C-BN 复合材料在铁金属纳米粒子和硼/氮共掺杂碳层的协同作用下，于污染物降解反应中表现出优异的催化活性。

5.2.5　小结

本节以常用的 H_3BO_3、$C_3N_6H_6$ 以及 $Fe(NO_3)_3 \cdot 9H_2O$ 为原料，采用热解法在不同煅烧温度下合成了硼、氮共掺杂碳纳米管包覆铁纳米颗粒，并用 XRD、TGA、FESEM、FETEM、HRTEM、EDX 以及 XPS 等表征手段对复合材料的组成与结构进行了详细的分析。Fe@B-CN 系列复合材料的性能测试结果表明煅烧温度和 $Fe(NO_3)_3 \cdot 9H_2O$ 的含量会显著影响 Fe@B-CN 的结构和性能，Fe@C-BN 系列复合材料可有效活化 PMS 高效去除持久性有毒有机污染物。机理分析表明 Fe@C-BN 系列复合材料中 B、N 以及 Fe 元素的掺杂与包覆为复合材料提供了大量的活性位点，加快了催化反应的进行，且复合材料通过金属纳米粒子与硼/氮掺杂碳层之间的协同作用共同降解有机污染物。由于 Fe@C-BN 系列复合材料具有优异的催化活性、稳定的化学性质以及易于回收等特性，因此，在水污染治理领域它具有潜在的应用价值。

5.3 生物质衍生3D铁嵌入氮掺杂碳纳米管/多孔碳(3D Fe@N-C)复合材料的制备及其催化氧化性能研究

5.3.1 3D Fe@N-C复合材料的制备

本节以价廉易得的生物质废弃物、三聚氰胺($C_3N_6H_6$)和铁盐为原料,合成了一种新型的生物质衍生3D铁嵌入氮掺杂碳纳米管包覆铁纳米颗粒(3D Fe@N-C)。具体合成步骤如下所述。

生物质废弃物(酒糟残渣)在使用前采用去离子水清洗数次予以去除杂质,而后在105 ℃干燥。然后将其研磨成小颗粒状,使其直径为0.15～0.30 mm,最后储存于封闭的容器中备用,生物质废弃物的原始形貌和XRD图如图5-16所示。

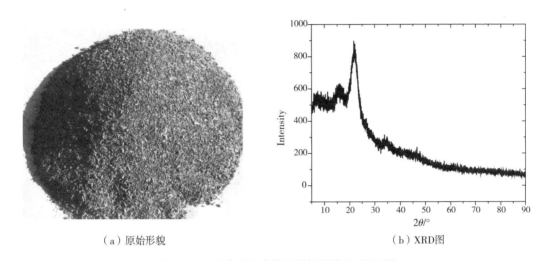

(a)原始形貌   (b)XRD图

图5-16 生物质废弃物的原始形貌和XRD图

活性炭的制备:称取10.0 g废弃生物质、0.180 mol氢氧化钾,并置于含200 mL去离子水的烧杯中,持续搅拌8 h,干燥,并充分研磨至颗粒大小均匀。将上述混合样品置于石英玻璃中,移至管式电阻炉中进行高温活化,其反应在N_2流速为200 mL/min,升温速率为10 ℃/min,恒温温度为750 ℃,恒温反应时间为2 h,降温速率为10 ℃/min的条件下进行。反应产物分别用0.1 mol/L盐酸溶液和去离子水清洗以除去活化剂残渣和其他反应杂质。所得的多孔活性炭命名为AC(activated carbon)。

3D Fe@N-C复合材料的制备:称取0.2 g AC、0.0317 mol $C_3N_6H_6$(N质量分数为67%)和0.7194 mmol七水合硫酸亚铁($FeSO_4 \cdot 7H_2O$)置于含200 mL甲醇的烧杯中,持续搅拌4 h至混合均匀,80 ℃下干燥。将上述非均相混合物研磨均匀置于石英玻璃中,移至管式电阻炉中进行高温活化,其反应在N_2流速为200 mL/min,升温速率为10 ℃/min,一段恒温温度为600 ℃,一段恒温时间为3 h,二段恒温温度为900 ℃,二段恒温时间为1 h的条件下进行,反应结束后分别采用去离子水和乙醇清洗数次,即可获得3D Fe@N-C复合材料。此外,保持操作参数不变,改变$FeSO_4 \cdot 7H_2O$的量,并使其与$C_3H_6N_6$的质量比分别为0、0.5%、2%和5%,所制备的样品分别命名为N-C、3D 0.5%-Fe@N-C、3D 2%-Fe@N-C

和3D 5%- Fe@N-C。3D Fe@N-C复合材料的合成路线图如图 5-17 所示。

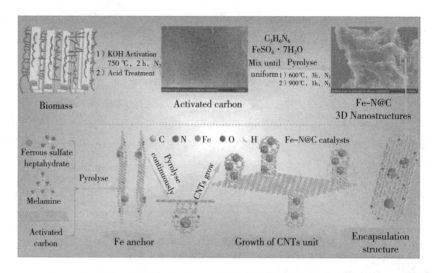

图 5-17   3D Fe@N-C复合材料的合成路线图

5.3.2   3D Fe@N-C复合材料的表征

采用 XRD 分析 AC、N-C、3D Fe@N-C复合材料的晶相结构(见图 5-18)。XRD 图表明系列 3D Fe@N-C复合材料在 2θ 为 30.1°、35.7°、43.2°、56.9°和 62.7°处出现界限清晰的衍射峰,这与 Fe_3O_4 的晶面(JCPDS,19-0629)相一致。此外,在 2θ 为 44.8°、65.1°处出现的衍射峰对应于 α-Fe 晶相(JCPDS,87-0722)。其中,α-Fe 纳米晶体的形成是碳热裂解反应过程中无定形碳的还原作用所致,其可能存在的机理如式(5-4)~式(5-7)所示:

$$Fe^{2+}+2OH^- \longrightarrow Fe(OH)_2 \qquad\qquad (5-4)$$

$$Fe(OH)_2 \longrightarrow FeO+H_2O \qquad\qquad (5-5)$$

$$3FeO+1/2O_2 \longrightarrow Fe_3O_4 \qquad\qquad (5-6)$$

$$Fe_3O_4+4C \longrightarrow 3Fe+4CO\uparrow \qquad\qquad (5-7)$$

另外,随着 Fe 负载量的增加,Fe_3O_4 和 α-Fe 的 2θ 衍射峰强度增加。分析 N-C 的 XRD 图可得在 2θ 约为 26.4°处出现了一个石墨碳峰,但在 AC 和 3D Fe@N-C复合材料中并没有在此处出现明显的峰,这表明 N-C 所产生的石墨碳峰是非定形碳。基于此,3D Fe@N-C金属峰的主要物相组成为 Fe_3O_4 和 α-Fe。

拉曼光谱是表征碳基材料结构的重要手段之一,在无损伤情况下能有效辨别有序和无序晶体结构。本节利用拉曼光谱分析了 AC、N-C、3D Fe@N-C复合材料的碳基骨架结构(见图5-19)。结果表明,所有样品的碳基 D 峰和 G 峰的拉曼位移均分别位于 1335 cm^{-1} 和 1575 cm^{-1},计算可得 AC、N-C、3D 0.5%- Fe@N-C、3D 2%- Fe@N-C、3D 5%- Fe@N-C 样品的 I_D/I_G 分别为 1.04、1.08、1.09、1.07 和 1.06。由此可得,这些复合材料具有相似的碳基骨架结构。

3D Fe@N-C复合材料的形貌表征图如图 5-20 所示。由图 5-20(a)和(c)可得,碳

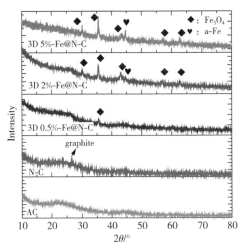

图 5-18　AC、N-C 和 3D Fe@N-C
复合材料的 XRD 图

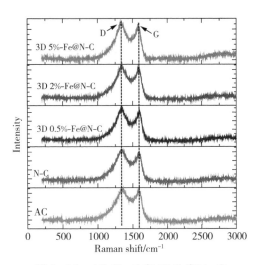

图 5-19　AC、N-C 和 3D Fe@N-C
复合材料的拉曼光谱图

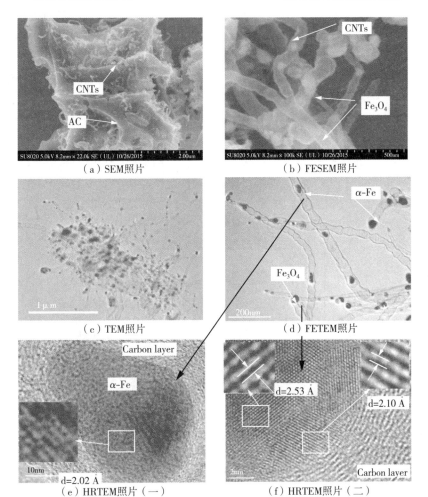

（a）SEM照片　　　　　　　　　（b）FESEM照片

（c）TEM照片　　　　　　　　　（d）FETEM照片

（e）HRTEM照片（一）　　　　　（f）HRTEM照片（二）

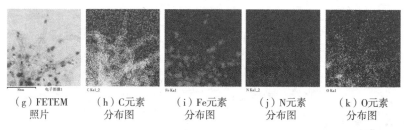

| （g）FETEM | （h）C元素 | （i）Fe元素 | （j）N元素 | （k）O元素 |
| 照片 | 分布图 | 分布图 | 分布图 | 分布图 |

图 5 - 20　3D Fe@N - C 复合材料的形貌表征图

纳米管高密度垂直生长并随机分布于 AC 表面。且 AC 表面和碳纳米管中嵌入的铁纳米粒子密度略高于 AC 的边缘,这归因于 AC 边缘存在氨基组。超高分辨率 SEM 和 TEM 照片显示 3D Fe@N - C 复合材料中竹节状碳纳米管的长度约为微米级、直径为 20～120 nm[见图 5 - 20(b)和(d)]。相关科学研究证明了类 Fenton 反应过程中,碳包覆 Fe 结构能够激活周围的碳层。图 5 - 20(e)和(f)表明该 3D 结构材料中的金属铁纳米颗粒具有界限清晰的晶格,这表明其具有高结晶度。其中,晶格间距分别约为 2.53Å 和 2.10Å,这对应于复合材料中 Fe_3O_4 的(311)晶面和(400)晶面,晶格间距为 2.02Å 则对应于 α - Fe 的(110)晶面。此外,X 射线能谱仪(EDS)和元素映射图清晰地展示了 3D Fe@N - C 复合材料的内部结构和元素分布。

　　AC、N - C 和 3D Fe@N - C 复合材料的 N_2 吸脱附曲线如图 5 - 21 所示。其中,在氮气吸附相对压力(P/P_0)低于 0.1 时是复合材料的微孔吸附填充,当吸附持续进行直至 P/P_0 大于 0.1 时,表明其存在介孔结构,这与典型氮气吸脱附曲线的类型相一致。研究表明,多孔结构的碳基材料因具备大的比表面积而能够提升污染物与催化剂的接触面积,进而产生更多的活性位点予以提高类 Fenton 反应的催化效率。AC、N - C 和 3D Fe@N - C 复合材料的孔结构、吸附动力学和吸附模型结果见表 5 - 1 所列。由表可知,AC、N - C、3D 0.5%- Fe@N - C、3D 2%- Fe@N - C、3D 5%- Fe@N - C 复合材料的比表面积分别为 1604 m^2/g、1400 m^2/g、952 m^2/g、676 m^2/g、614 m^2/g,比表面积随着 Fe 掺杂量的增多而相对减少,表明 Fe 纳米颗粒已嵌入内部孔道结构之中。基于对 3D Fe@N - C 复合材料的表征和分析可知 3D Fe@N - C复合材料可采用高温热解法合成。

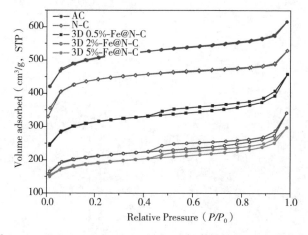

图 5 - 21　AC、N - C 和 3D Fe@N - C 复合材料的 N_2 吸脱附曲线

表 5‐1   AC、N‐C 和 3D Fe@N‐C 复合材料的孔结构、吸附动力学和吸附模型结果

样品	多孔结构		等温线参数			动力学参数		
	$S_{BET}/$ (m^2/g)	$V_{total}/$ (cm^3/g)	$q_{max}/$ (mg/g)	$K/$ (L/mg)	R^2	$q_e/$ (mg/g)	$k_{ad}/$ [g/(mg·min)]	R^2
AC	1604	0.954	263	3.55	0.998	260	$7.31×10^{-4}$	0.997
N‐C	1400	0.819	364	16.4	0.997	351	$9.59×10^{-4}$	0.999
3D 0.5%‐Fe@N‐C	952	0.710	291	9.36	0.963	289	$6.93×10^{-4}$	0.999
3D 2%‐Fe@N‐C	676	0.529	214	3.50	0.999	212	$1.41×10^{-3}$	0.999
3D 5%‐Fe@N‐C	614	0.461	141	4.48	0.999	134	$1.41×10^{-3}$	0.998

5.3.3   3D Fe@N‐C 复合材料的催化性能评价

非均相 3D Fe@N‐C/PMS 体系的催化降解实验同样以金橙Ⅱ为研究对象。为单独评估材料的性能,统一将有机物的去除过程分为吸附过程和催化降解过程,使得二者互不干扰。因此,在反应前预先称取一定量的催化剂置于金橙Ⅱ溶液中充分搅拌 120 min,直至吸附平衡。研究过程中,AC、N‐C 和 3D Fe@N‐C 复合材料非均相降解金橙Ⅱ的动力学曲线如图 5‐22(a)所示。AC、N‐C、3D 0.5%‐Fe@N‐C、3D 2%‐Fe@N‐C 和 3D 5%‐Fe@N‐C 复合材料单独存在时,对金橙Ⅱ的吸附去除率分别为 50.6%、70.2%、56.2%、41.9% 和 25.3%[见图 5‐22(b)]。随着吸附时间的延长,溶液中金橙Ⅱ的浓度几乎保持不变,120 min 内已达到吸附平衡。因此,本研究在 120 min 时开始投入 PMS,并进行复合材料的催化性能评估。

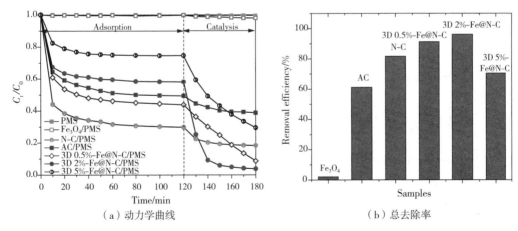

(a) 动力学曲线   (b) 总去除率

图 5‐22   不同催化剂活化 PMS 催化降解金橙Ⅱ的动力学曲线和总去除率
注:反应条件为[金橙Ⅱ]=20 mg/L,[催化剂]=[PMS]=[H₂O₂]=[PDS]=40 mg/L,T=25 ℃。

研究发现,将 PMS 投入反应溶液后,AC 和 N‐C 均能活化 PMS 催化降解金橙Ⅱ,但效率较低,分别为 12.9% 和 11.0%,且随着铁的嵌入,复合材料的催化活性显著提升,这归因于铁能够促进材料物理化学结构产生变化并提供充分的活性位点。3D 2%‐Fe@N‐C 复合材料能够在180 min内快速地催化降解预吸附于碳基表面和溶液中的金橙Ⅱ。此外,本研究单独考察了 PMS 和 Fe₃O₄/PMS 反应体系对金橙Ⅱ催化降解性能的影响。结果表明在

上述体系作用下,金橙Ⅱ的去除率极小。另外,为了研究 Fe 嵌入量对复合材料催化性能的影响,本研究考察了所制备的 3D 0.5%- Fe@N-C、3D 2%- Fe@N-C 和 3D 5%- Fe@N-C 复合材料与 PMS 作用催化降解金橙Ⅱ的效率,结果表明 3D 2%- Fe@N-C 复合材料催化降解活性最高。综上所述,3D Fe@N-C 复合材料中的 Fe 纳米颗粒在催化机制中起到重要作用。因此,本研究以 3D 2%- Fe@N-C/PMS 反应体系为研究对象进行了进一步探究。

首先,分别考察了 3D 2%- Fe@N-C 复合材料活化 PDS 和 H_2O_2 催化降解金橙Ⅱ的效果,从图5-23(a)中可得,3D 2%- Fe@N-C/PDS 和 3D 2%- Fe@N-C/H_2O_2 体系均不能有效降解金橙Ⅱ,这是因为其反应体系中的 PDS 和 H_2O_2 不能被催化分解。一般而言,H_2O_2 的活化通常在酸性溶液(pH 为 2.5~5.0)中进行。其次,PMS 相比较于 PDS 的区别为其自身化学结构的不对称性使其更易于被电场、紫外辐射、热和催化剂等活化。相同条件下,3D 2%- Fe@N-C 复合材料与 H_2O_2、PDS 和 PMS 作用降解金橙Ⅱ的效率分别为 42.5%、46.2% 和 93.5%。

基于实验过程中有机污染物的降解和矿化效果,本研究根据实验结果分析了 3D Fe@N-C/PMS/金橙Ⅱ体系中总有机含碳量(TOC)的变化。研究结果表明,该体系中的 TOC 120 min 吸附去除率和 180 min 总去除率分别为 40.4% 和 43.9%[见图5-23(b)]。此外,本研究考察了实验过程中金橙Ⅱ溶液的全光谱变化及颜色变化情况(见图5-24)。随着反应时间的延长,金橙Ⅱ在 484 nm 处的最大吸收峰强度持续地降低,这归因于吸附过程中复合材料较强的吸附作用使其浓度减少和降解过程中产生的 SO_4^-·和 HO·攻击其偶氮化合键。同时在 310 nm 处的吸收峰强度也随之降低,这表明反应过程中存在部分金橙Ⅱ被矿化后分解成小分子化合物。因此,3D Fe@N-C/PMS 体系能够矿化降解金橙Ⅱ,基于此非均相 PMS 活化体系能够用于水处理领域。

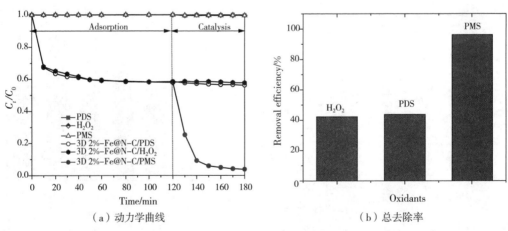

(a)动力学曲线　　　　　　　　(b)总去除率

图5-23　不同氧化剂条件下 3D 2%- Fe@N-C 复合材料催化降解金橙Ⅱ的动力学曲线和总去除率
注:反应条件为[金橙Ⅱ]=20 mg/L,[3D 2%- Fe@N-C]=[PMS]=[H_2O_2]=[PDS]=40 mg/L,T=25 ℃。

有机废水的 pH 和反应温度是非均相 PMS 氧化技术的重要参数。实验考察了 pH(3.10~11.07)和反应温度(5~45 ℃)变化对金橙Ⅱ降解效率的影响[见图5-25(a)和(b)]。其中,当 pH 由 3.10 增至 11.07 时,金橙Ⅱ的去除率由 96.8% 降至 56.2%,这是因为酸性条件有利于加快 SO_4^-·的生成速率,进而使得 SO_4^-·成为主要活性基团,在碱性条件下,SO_4^-·与 HO·间发生互变反应产生惰性成分(SO_4^{2-}、HSO_4^- 和 O_2),进而 HO·成为主要的活性自

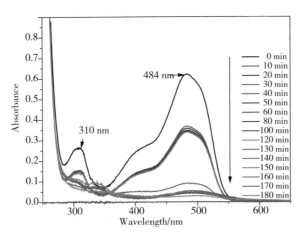

图 5-24 3D 2%-Fe@N-C/PMS 体系中吸附和降解金橙Ⅱ的紫外-可见全光谱图变化情况

注:反应条件为[金橙Ⅱ]=20 mg/L,[3D 2%-Fe@N-C]=40 mg/L,[PMS]=40 mg/L,T=25 ℃。

由基,从而这降低了金橙Ⅱ的降解率。研究发现,反应温度对有机物的降解速率影响显著,高温能够促进 PMS 的快速活化分解,进而提高 $SO_4^-\cdot$ 的生成速率。

实验同时考察了金橙Ⅱ和 PMS 浓度对反应速率的影响[见图 5-25(c)和(d)]。研究表明,随着金橙Ⅱ浓度的增大(从 10 mg/L 增至 40 mg/L),金橙Ⅱ的降解率下降,这归因于高

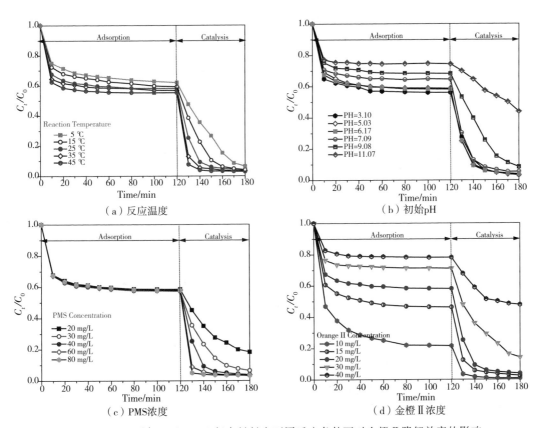

图 5-25 3D 2%-Fe@N-C 复合材料在不同反应条件下对金橙Ⅱ降解效率的影响

浓度金橙Ⅱ需要消耗更多的 PMS。当 PMS 浓度由 20 mg/L 逐渐增至 60 mg/L 时，金橙Ⅱ 的去除率从 68.3% 提升至 95.0%，在高浓度 PMS 下，3D Fe@N-C 复合材料催化产生更多 的 $SO_4^- \cdot$，但当 PMS 浓度投入量为 80 mg/L 时，催化降解速率的提升较小，这可能归因于 过量的 PMS 促进了自由基抑制反应，进而使得 $SO_4^- \cdot$ 转化生成了低氧化电势电位的 $SO_5^- \cdot$，具体反应见式(5-8)：

$$HSO_5^- + SO_4^- \cdot \longrightarrow SO_5^- \cdot + SO_4^{2-} + H^+ \qquad (5-8)$$

复合材料的可再生利用效果是其实际应用的重要指标。为了评估 3D Fe-N@C 复合 材料在非均相 PMS 氧化技术中的稳定性，将其磁性回收并用于循环降解金橙Ⅱ。重复性实 验表明，3D 2%-Fe@N-C 在 180 min 内对金橙Ⅱ的降解率经五次循环后由 96.5% 降至 68.5%[见图 5-26(a)]。该研究结果归因于降解过程中复合材料表面被催化过程中产生的 部分有机中间产物附着。此外，实验分析了 3D 2%-Fe@N-C/PMS/金橙Ⅱ体系反应后溶液中 的 Fe 离子浓度，原子吸收分析结果得出 Fe 离子浸出度为 0.068 mg/L，浸出离子含量微乎其 计；考察了反应后 3D 2%-Fe@N-C 的 XRD 图[见图 5-26(b)]，表征结果证明反应前后其主 要物相组成保持一致。因此，3D Fe@N-C 复合材料可作为稳定高效的类 Fenton 催化材料。

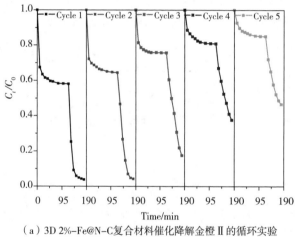

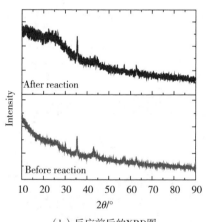

（a）3D 2%-Fe@N-C复合材料催化降解金橙Ⅱ的循环实验　　　　　（b）反应前后的XRD图

图 5-26　重复性实验

注：反应条件为[金橙Ⅱ]=20 mg/L，[3D 2%-Fe@N-C]=[PMS]=40 mg/L，T=25 ℃。

为诠释 3D Fe@N-C 复合材料表面结构在类 Fenton 反应中的作用机制和评估催化反应 后复合材料的稳定性。本研究拟利用 XPS 对反应前后的 3D 复合材料进行表征（见图 5-27）。

图 5-27(a) 为不同材料的 XPS 全谱图，图 5-27(b)～(d)分别表示 N 1s XPS 图、O 1s XPS 谱图和 Fe 2p XPS 图。由图 5-27(a)可知，该复合材料主要由 Fe、N、O 和 C 元素组成，该结果 与 EDS 图一致。由图 5-27(b)可知，3D 2%-Fe@N-C 复合材料中的氮元素可以裂分为结合 能分别位于 $(401.0\pm0.2)eV$ 和 $(398.1\pm0.2)eV$ 处的石墨氮峰和吡啶氮峰，这表明氮元素已经 掺入碳基骨架之中。在该复合材料中，吡啶氮可能与 Fe 络合形成了 $Fe-N_x$ 等化合键或基团， 同时吡啶氮和石墨氮一般被认为是具有氧化还原活性的催化活性位点。此外，反应后的 N 1s 峰偏移至高结合能处。这是由于反应过程中 PMS 和含 N 基团发生了氧化配位作用，促进了其

电子的转移,进而 N 1s 峰发生氧化还原反应。由图 5-27(c)可知,O 1s 峰可以裂分为四个峰,分别为 Fe—O、C ＝O、C—OH 和 C—O—C 峰,其结合能分别对应于 530.6 eV、531.1 eV、532.4 eV 和 533.3 eV。N-C 的 O 1s 峰结合能主要位于 532.9 eV 处,这可能是碳基骨架表面余下的氧元素。由图 5-27(d)可知,反应前后的 3D 2%- Fe@N-C 复合材料中 Fe 的 2p 峰主要分为 Fe $2p^{1/2}$ 和 Fe $2p^{3/2}$ 峰,其结合能分别位于 724.5 eV 和 711.2 eV 处,这表明该碳基材料表面存在 Fe_3O_4 纳米颗粒。另外,Fe $2p^{3/2}$ 峰可分为两个子峰,分别位于 711.0 eV 和 713.2 eV,分别代表着 Fe^{2+}、Fe^{3+} 价态轨道。研究发现,反应前后 $Fe^{III}/Fe_{总}$ 的比例由 47.2% 增长至 78.6%,这表明部分表面镶嵌的 Fe^{2+} 在类 Fenton 反应中被氧化成了 Fe^{3+}。

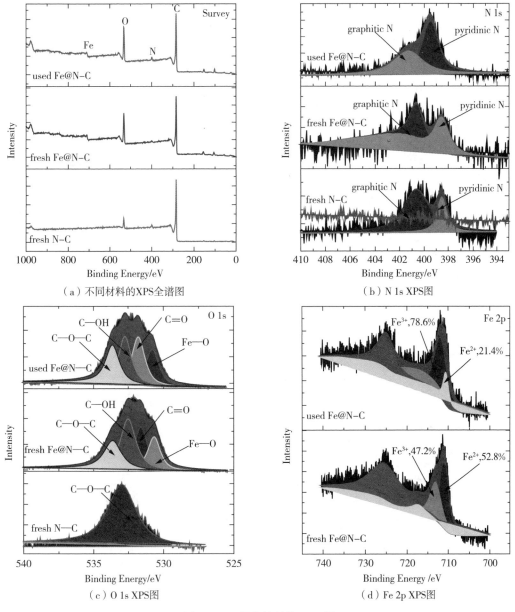

（a）不同材料的XPS全谱图

（b）N 1s XPS图

（c）O 1s XPS图

（d）Fe 2p XPS图

图 5-27 复合材料的 XPS 图

综上所述,非均相 3D Fe@N-C/PMS 体系中的催化剂表现出的优异的类 Fenton 催化活性是基于多孔碳基体的物理化学特性、Fe 元素的嵌入和 N 元素的掺杂。

5.3.4　3D Fe@N-C 复合材料催化反应机理研究

典型的自由基抑制实验通常是在反应过程中添加自由基捕获剂以研究 PMS 氧化反应中的主要活性氧化基团。据文献报道,非均相 PMS 氧化技术中主要生成三种活性氧化基团,它们分别为 $SO_4^- \cdot$、$HO \cdot$ 和 $SO_5^- \cdot$。MeOH 因与 $SO_4^- \cdot$ 和 $HO \cdot$ 作用较强[$k_{HO \cdot}$ 为 $(1.2 \times 10^9 \sim 2.8 \times 10^9) M^{-1} \cdot s^{-1}$, $k_{SO_4^- \cdot}$ 为 $(1.6 \times 10^6 \sim 7.8 \times 10^6) M^{-1} \cdot s^{-1}$],而被广泛用作这两种自由基的捕获剂。此外,二甲基亚砜(DMSO)和硫脲(Thiourea)作为典型的活性基团捕获剂,目前已被用于 $SO_4^- \cdot$ 和 $HO \cdot$ 的自由基抑制反应。碘化钾(KI)和 BQ 因能与表面自由基作用,而被用作碳基吸附剂表面束缚自由基的捕获剂。

基于此,本研究实验结果表明了 Thiourea[见图 5-28(a)]和 DMSO[见图 5-28(b)]对非均相 3D 2%-Fe@N-C/PMS 体系具有很强的抑制作用,当用 0.05 mol/L DMSO 和 0.5 mol/L Thiourea 时,体系中金橙Ⅱ的降解率分别为 12.02% 和 7%,这一结果表明 DMSD 和 Thioutea 降低了该复合材料的催化活性。此外,当用 0.5 mol/L KI[见图 5-28(c)]和 0.1 mol/L BQ[见图5-28(d)]时,体系中金橙Ⅱ的催化降解率分别为 22.5% 和 56.1%。

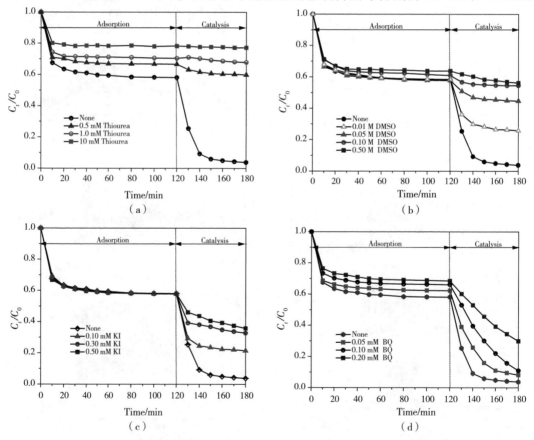

图 5-28　不同抑制剂的浓度对 Fe@N-C/PMS 体系降解金橙Ⅱ的抑制效果

注:反应条件为[金橙Ⅱ]=20 mg/L,[Fe@N-C]=40 mg/L,[PMS]=40 mg/L,T=25 ℃。

MeOH 对反应的抑制作用极小,这归因于 3D Fe@N‑C 复合材料能够吸附 SO₄⁻·到其表面,而 MeOH 的抑制作用主要表现在水相中的自由基反应。另外,反应过程中也有可能生成 SO₅⁻·,但是因其标准氧化电极电位较低(1.1 eV),不能直接矿化金橙Ⅱ。此外,随着 Thiourea、DMSO、KI 和 BQ 浓度的增加,抑制效果愈加明显。综上所述,非均相 3D 2%‑Fe@N‑C/PMS 体系催化降解金橙Ⅱ过程中产生的主要活性物质为 SO₄⁻·和 HO·。

为了进一步确认抑制实验反应过程中所表述的自由基种类,本研究拟以 5,5‑二甲基‑1‑吡咯啉‑N‑氧化物(DMPO)为自由基捕获剂,采用电子自旋共振技术(ESR)进行表征并分析该非均相 3D 2%‑Fe@N‑C/PMS/金橙Ⅱ体系中可能存在的自由基,ESR 自由基测试信号强度如图 5‑29 所示。由于 HO·与 DMPO 发生了络合反应生成了中间产物 DMPO—OH,因此 ESR 图谱中出现了对应的信号峰,其超精细耦合常数为 $a_N = a_H = 14.9$ G,基于此信号特征峰证明了该催化反应体系中 HO·的存在,这与其他相关文献报道的结论相一致。本研究中同样出现了 DMPO 与碳自由基产物信号,这归因于反应过程中产生的自由基能够与金橙Ⅱ结构中的 CH₃ 和 CH₂ 官能团反应,进而产生碳自由基。值得注意的是,ESR 检测结果中并没有出现明显的 DMPO—SO₄ 信号峰,这可能归因于捕获实验中 DMSO—SO₄ 信号较弱以及复合材料具有较强的吸附能力,使得 SO₄⁻·被吸附于复合材料表面,进而在溶液中无法得以有效检测。

为了考察自由基的生成机制,本研究根据复合材料表征结果、实验结果等提出基于 3D Fe@N‑C 复合材料的 PMS 催化活化反应过程和机理。首先,溶液中的有机污染物和 PMS 与复合材料中多孔碳基材料的共轭 π‑π 化合键产生化学吸附作用,吸附于多孔碳基材料表面。其次,多孔碳基材料表面吸附的 PMS 被复合材料活化产生表面束缚活性自由基,并直接与吸附于多孔碳基材料表面的有机污染物反应,使得预先被占据的活性位点得以释放。最后,3D Fe@N‑C 复合材料的碳基表面反应后所释放的活性位点再次被溶液中的 PMS 和有机污染物吸附,基于此吸附—降解的有效循环持续进行,最终使得溶液中的有机污染物逐渐被降解。基于复合材料的吸附性能评估表明,水相中分散的吸附质能够快速地被吸附于 3D Fe@N‑C 复合材料的碳基表面,并逐渐转移至复合材料内部的活性位点。此外,3D Fe@N‑C 复合材料自身的结构特征,如较为密集的微/介孔结构和表面存在相当的碳纳米管能够促进

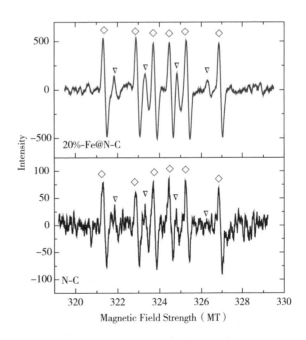

图 5‑29　ESR 自由基测试信号强度
注:▽表示 HO·信号;◇表示碳自由基信号。

化合物分子的内部快速扩散。3D Fe@N-C复合材料因强吸附能力而能够聚集水相中的有机污染物和 PMS 于其表面,加快了被吸附有机污染物的降解和溶液中剩余有机污染物的吸附。

在当前的反应体系中,非均相 3D Fe@N-C/PMS/金橙Ⅱ体系的氧化过程是基于表面催化作用,Fe^0 纳米颗粒在参与反应过程中被氧化而转移两个电子形成 Fe^{II}[式(5-9)]。表面的 Fe^{II} 片段活化 PMS 产生 $SO_4^-\cdot$[式(5-10)],Fe^{III} 经还原可得 Fe^{II}[式(5-11)],这是由于 Fe^{3+}/Fe^{2+} 和 Fe^{2+}/Fe^0 之间存在较高的电位电势差(1.21 eV)。

$$\equiv Fe^0 - 2e^- \longrightarrow \equiv Fe^{II} \quad E^\theta\left(\frac{Fe^{2+}}{Fe^{3+}}\right) = -0.44\ V \tag{5-9}$$

$$HSO_5^- + Fe^{2+} \longrightarrow SO_4^-\cdot + Fe^{3+} + OH^- \tag{5-10}$$

$$\equiv Fe^{III} + e^- \longrightarrow \equiv Fe^{II} \quad E^\theta\left(\frac{Fe^{3+}}{Fe^{2+}}\right) = 0.77\ V \tag{5-11}$$

此外,碳纳米管和复合材料表面的无定形碳能通过非自由基机制活化高氧化电势电位的 PMS[$E^\theta(HSO_5^-/SO_4^{2-})$],从而降解有机污染物,随着理论研究的深入,这种非自由基反应过程可能基于复合材料表面的 sp^2 碳、锯齿形边缘、富电子含氧化合物和缺陷位等活性位点衍生,相关科学研究结果已证明了这种直接作用方式。3D Fe@N-C复合材料自身独特的结构能够提升类 Fenton 催化活性。首先,N 元素的掺杂和 Fe 纳米颗粒的嵌入能够促进碳基骨架的电子转移效率并减少局部表面惰性程度。其次,所形成的层次性微/介孔结构和石墨碳边缘缺陷位点能够有效调节 Fe-C 基活性位活化 PMS。再次,氮掺杂使得复合材料表面形成更多的共轭 π 电子对,这些共轭的 π 电子对能够活化 PMS 的 O—O 化合键来降解有机污染物。最后 Fe 纳米颗粒能够与 C、O 和 N 形成一些亲密的化合键,如 $Fe-C_x$、$Fe-O_x$ 和 $Fe-N_x$,这些化合键均能够提供有效的活性位点,3D Fe@N-C复合材料催化降解有机污染物的反应机理图如图5-30所示。

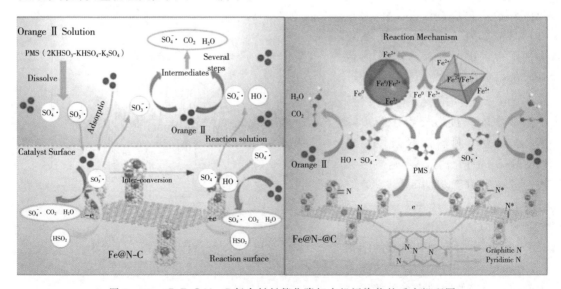

图 5-30　3D Fe@N-C复合材料催化降解有机污染物的反应机理图

5.3.5 小结

本节以生物质废弃物为原料制备的生物质活性炭为前驱体,采用环境友好、成本低廉、易于操作的高温热解法合成了 3D Fe@N–C 复合材料,并将其成功应用于有毒物质的催化降解过程中。SEM 和 TEM 结果表明 Fe@N–C 具有 3D 结构,碳纳米管高密度垂直生长并随机分布于碳基骨架表面。通过活化 PMS 催化氧化金橙Ⅱ来考察 3D Fe@N–C 复合材料的性能,结果表明其催化活性受 pH、反应温度、溶液初始浓度等因素的影响。对反应过程机理的探究结果表明,污染物首先通过吸附的方式聚集到 3D Fe@N–C 复合材料表面,然后生成的自由基迅速将其氧化分解。3D Fe@N–C 复合材料的前驱体价格低廉,合成工艺简单,因此易于规模化生产。本研究可进一步促进类 Fenton 催化剂的发展。

5.4 氮掺杂碳纳米管包覆磁性铁、钴、镍金属钠米粒子 (M@N–C)复合材料的制备及其催化氧化性能研究

5.4.1 M@N–C 复合材料的制备

本研究以二氰二胺($C_2N_4H_4$)作为碳源和氮源,以常见金属二价盐作为金属源,采用简易的热解法合成了 M@N–C(M = Fe、Co、Ni)复合材料。以 Co@N–C 复合材料的合成为例,具体步骤如下:(1)称取 10.09 g(120 mmol)$C_2N_4H_4$ 和 2.445 g(8.4 mmol)六水合硝酸钴[$Co(NO_3)_2 \cdot 6H_2O$]加入含 300 mL 甲醇溶液的烧杯中,在 50 ℃ 条件下持续搅拌,直至溶液澄清;将均相澄清溶液干燥、研磨后得到均相粉末;将均相粉末置于石英管中,并将石英管置于管式电阻炉的均温区,在流率为 0.1 mL/min 的 N_2 气氛中以 10 ℃/min 速率升温至 500 ℃,恒温 2 h;再升温至 700 ℃,恒温 2 h;待反应结束后,将石英管在 H_2 气氛中冷却至室温,得到黑色粉末;(2)将步骤(1)得到的黑色粉末置于烧杯中,加入 300 mL 0.5 mol/L 的硫酸溶液超声处理 1 h,然后于 50 ℃ 条件下搅拌处理 24 h,再将沉淀物经多次水洗至洗液呈中性,最后分离,在 80 ℃ 条件下干燥,即得目标产物 Co@N–C 复合材料。

作为比较,本节采用相同物质的量的 Fe^{2+} 和 Ni^{2+} 作为金属源,在同等操作条件下制得 Fe@N–C 复合材料和 Ni@N–C 复合材料。M@N–C 复合材料的合成路线图如图 5–31 所示。

5.4.2 M@N–C 复合材料的表征

M@N–C 复合材料的表征图如图 5–32 所示。M@N–C 的 XRD 图如图 5–32(a)所示。图中,Ni@N–C 复合材料、Fe@N–C 复合材料以及 Co@N–C 复合材料在 2θ 为 26.2°处对应的衍射峰是晶面为(002)的石墨碳,与碳纳米管的结构特征相一致。图 5–32(a)中所有其他的衍射峰分别对应于具有面心立方晶体结构且金属结晶程度较高的单质铁(JCPDS,06–0696)、单质镍(JCPDS,15–0806)以及单质钴(JCPDS,04–0850)。结合复合材料的制备过程,得出金属单质形成的主要原因:热解过程中产生的碳氮混合物将金属离子还原为金属单质,同时,在金属单质的催化作用下,进一步形成结晶的碳纳米管。M@N–C 复合材料的 XRD 表征结果说明了该类复合材料主要由碳纳米管及其对应的金属单质组成,复合材料在经过酸洗处理后依然具有很强的金属特征峰,这说明金属单质被碳层包覆。

M@N–C 复合材料的 XPS 表征分析结果如图 5–32(c)和(d)所示。由图 5–32(c)可得三

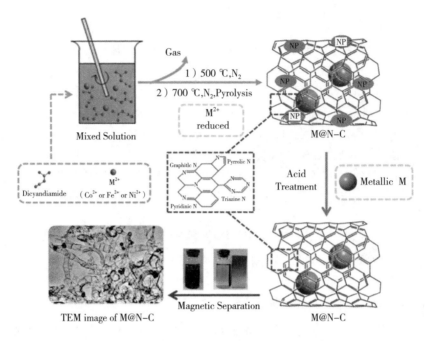

图 5 - 31　M@N - C 复合材料的合成路线图

种 M@N - C 复合材料主要由 C、N、O 以及对应的金属元素组成,且对应金属元素的特征峰强度较弱。这是由于 XPS 光电子能谱主要用于材料表面组成元素的分析,金属纳米粒子被碳纳米管包覆,因此在全谱中的含量较低。图 5 - 32(d) 为三种复合材料对应的 M 2p XPS 图,其中,Ni 2p 在结合能为 854.6 eV 和 872.1 eV 处出现的两个特征峰分别对应 Ni $2p_{3/2}$ 和 Ni $2p_{1/2}$ 原子轨道,这表明 Ni 元素主要以单质镍的形式存在于 Ni@N - C 复合材料中。Fe 2p 在结合能为 707.4 eV 和 720.6 eV 处出现的两个主要特征峰分别对应于 Fe $2p_{3/2}$ 和 Fe $2p_{1/2}$ 原子轨道,这表明在 Fe@N - C 复合材料中,铁元素主要以单质的形式存在。同时,在结合能为 710.8 eV 和 724.6 eV 处也出现了铁的特征峰,经分析为 Fe^{2+} 的特征峰。Co 2p 在结合能为 778.8 eV、780.2 eV 以及 782.7 eV 处均有一定的特征峰,分别对应的是单质钴、Co—N—C 和 Co—N 以及 Co^{2+}。

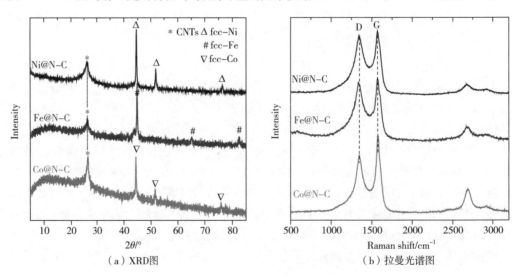

（a）XRD图　　　　　（b）拉曼光谱图

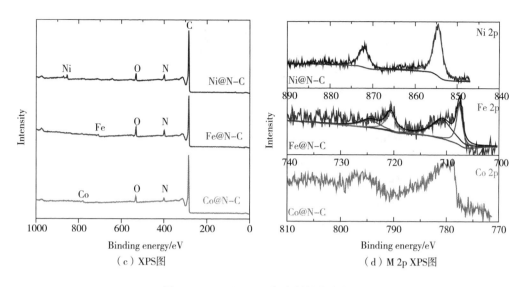

（c）XPS图　　　　　　　　　（d）M 2p XPS图

图 5-32　M@N-C复合材料的表征图

表 5-2 为 M@N-C 复合材料对应的饱和磁场强度（M_s）、剩余饱和磁场强度（M_r）以及矫顽力（H_c）。从表中可得，该类复合材料具有很强的铁磁性，有利于复合材料在反应结束后的回收。例如，Fe@N-C 复合材料对应的饱和磁场强度为 23.6 emu/g，剩余饱和磁场强度为 4.2 emu/g，矫顽力为 389 Oe。同时，本研究对三种材料的比表面积进行了测量，得出 Co@N-C 复合材料的比表面积为 187.7 m^2/g，Fe@N-C 复合材料的比表面积为 271.4 m^2/g，Ni@N-C复合材料的比表面积为 217.5 m^2/g。

表 5-2　M@N-C 复合材料对应的饱和磁场强度（M_s）、剩余饱和磁场强度（M_r）以及矫顽力（H_c）

催化剂种类	M_s/(emu/g)	M_r/(emu/g)	H_c/Oe
Fe@N-C	23.6	4.2	389
Co@N-C	8.2	1.4	324
Ni@N-C	3.2	0.56	149

为了进一步研究 M@N-C 复合材料的形貌与结构，本研究采用 SEM 和 TEM 对其进行了表征。图 5-33 为 Co@N-C 复合材料的 FESEM 照片，从照片中可知该复合材料为管状结构，且复合材料表面未负载金属颗粒，这有效证明了钴纳米粒子被包覆于碳纳米管中。

图 5-34 为 Co@N-C 复合材料的结构表征图。从图 5-34（a）和（b）可得 Co@N-C 复合材料的结构主要为竹节状碳纳米管，与 FESEM 照片中观察的管状结构相一致，且碳纳米管的长度为 1~2 μm，厚度为 20~100 nm。结合图 5-34（c），钴纳米粒子被碳层包覆，形成一种特定的核壳结构，钴纳米粒子的直径为 20~60 nm，包覆的碳层厚度为 2~9 nm。另外，通过模拟得到金属颗粒的原子晶格条纹间距为 0.2 nm，对应于晶面为（111）的金属单质钴。实验采用 EDS 图以及元素分布分析对复合材料的组成元素进行了测量。结合图 5-34（d）~（g）可得 Co@N-C 复合材料主要由 C、N 以及 Co 组成，Co 的存在充分证明了钴纳米粒子被碳层包覆，而不是通过简单的几何作用负载于碳纳米管中。

图 5 - 33　Co@N-C 复合材料的 FESEM 照片

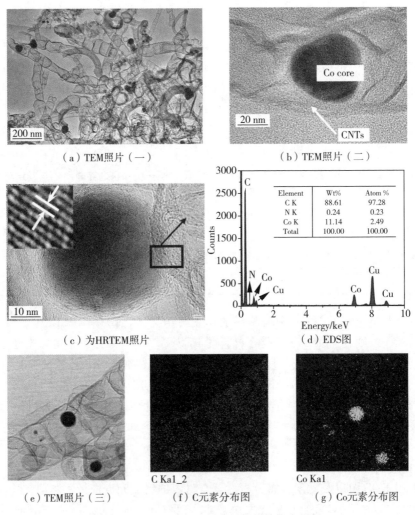

图 5 - 34　Co@N-C 复合材料的结构表征图

5.4.3 M@N-C复合材料的催化性能评价

以典型的偶氮染料金橙Ⅱ为模型污染物,系统研究了M@N-C复合材料与PMS、PDS以及H_2O_2作用降解金橙Ⅱ的催化效果(见图5-35)。从图中可得,单独使用M@N-C复合材料或氧化剂时,金橙Ⅱ的浓度未发生明显变化,表明M@N-C复合材料未能对金橙Ⅱ有效吸附,且氧化剂本身对金橙Ⅱ无降解效果。当M@N-C复合材料与氧化剂共同使用时,金橙Ⅱ的浓度均有所降低,表明M@N-C复合材料与氧化剂作用,产生了强氧化性自由基,有效破坏了金橙Ⅱ的结构,实现了污染物的降解。图5-35(a)中,M@N-C复合材料与PMS作用降解金橙Ⅱ的速率如下:Co@N-C/PMS > Fe@N-C/PMS > Ni@N-C/PMS,且在120 min的反应时间内,金橙Ⅱ在Co@N-C/PMS、Fe@N-C/PMS、Ni@N-C/PMS体系下分别降解100%、100%以及47.2%。结合XRD、TEM、XPS、拉曼光谱等表征分析,三种复合材料具有相似的形貌结构、氮含量、氮元素种类以及相似的结晶度,因此,可将催化反应速率的不同归因于三种复合材料中金属源的不同。实验结果亦表明在氮掺杂碳纳米管包覆型结构中,金属源的不同很大程度上影响了有机污染物的降解程度,被包覆的金属通过与碳层表面以及碳层表面掺杂的氮元素发生协同作用,共同促进了有机污染物的降解。

图5-35(b)为M@N-C与PDS作用降解金橙Ⅱ的反应曲线图。从图中可得,M@N-C复合材料与PDS作用降解金橙Ⅱ的速率如下:Ni@N-C/PDS > Co@N-C/PDS > Fe@N-C/PDS。而三种复合材料与H_2O_2作用对金橙Ⅱ的降解效果较差[见图5-32(c)],这可能是因为产生的自由基较少。

结合以上实验分析可得Co@N-C复合材料与PMS作用降解金橙Ⅱ的反应速率最快,且在PMS作用条件下,金橙Ⅱ实现了100%的降解,导致这一现象的原因可能是具有非对称结构的PMS相对于具有对称性结构的PDS和H_2O_2而言,活性更高,更易与复合材料作用。另外,据文献报道,PMS在pH为中性的条件下,活性较高,这与本章实验结果相吻合。为了研究离子浸出对反应造成的影响,采用原子吸收法对反应溶液进行离子含量的检测。实验结果显示,溶液中的离子浓度较低,接近于实验测量误差所造成的影响,因此,离子浸出对催化效率造成的影响可忽略不计。同时,该实验也表明有机污染物的降解主要归因于非均相催化反应,即金橙Ⅱ的降解过程主要集中于复合材料的表面,而非在溶液中。

为了进一步阐明金橙Ⅱ降解过程中分子结构的变化,研究过程中采用紫外-可见分光光度计对Co@N-C/PMS体系在不同反应时间下的反应溶液进行了测量,实验结果显示污染物金橙Ⅱ在484 nm处具有最大吸收波长,分析得出这一波长下对应的是金橙Ⅱ分子结构中的偶氮化合物的n—p*振动。同样地,金橙Ⅱ在229 nm以及310 nm处对应的是奈环的p—p*振动以及芳香族苯环化合物。随着反应的进行,金橙Ⅱ在229 nm、310 nm和484 nm处的吸收峰不断减弱,同时在248 nm波长下出现了新的吸收峰,且该吸收峰随着反应的进行不断地增强。这一现象充分说明了污染物金橙Ⅱ的分子结构被破坏,并且产生了新的中间产物。金橙Ⅱ溶液颜色的变化同样证明了金橙Ⅱ被有效降解。通过对Co@N-C/PMS体系下反应溶液的总有机碳(TOC)的测量,发现随着金橙Ⅱ的降解,溶液中TOC含量未出现明显降低,这可能是金橙Ⅱ结构被破坏,产生了大量的小分子有机物,因此,TOC含量并未发生明显的降低。同时,Co@N-C复合材料在外加磁力的作用下,可有效实现磁水分离,这一结果表明 Co@N-C 复合材料具有很好的铁磁性,这一特性为复合材料的工业化应用奠定了基础。

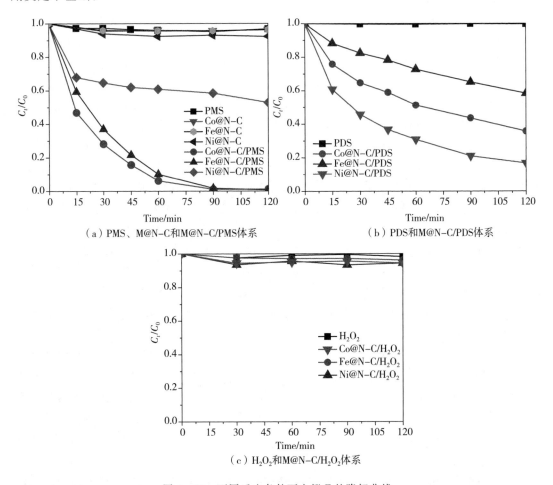

（a）PMS、M@N-C和M@N-C/PMS体系

（b）PDS和M@N-C/PDS体系

（c）H₂O₂和M@N-C/H₂O₂体系

图 5-35　不同反应条件下金橙Ⅱ的降解曲线

注:反应条件为[金橙Ⅱ]＝[复合材料]＝ 20 mg/L,[PMS]＝[H₂O₂]＝[PDS]＝ 0.65 mmol/L,T = 25 ℃。

本节以 Co@N-C/PMS 体系为研究对象,进一步考察了 PMS 用量、金橙Ⅱ溶液初始浓度、反应温度以及不同污染物对 Co@N-C 复合材料降解效果的影响(见图 5-36)。图 5-36(a)为不同 PMS 用量对催化效果的影响,从图中可以看出,当 PMS 的用量从0.33 mmol/L增长到 0.65 mmol/L 时,金橙Ⅱ在 60 min 内的降解效率由 74.6% 增长为93.8%,当 PMS 的用量为 1.30 mmol/L 时,金橙Ⅱ的降解效率为 99%。继续增加 PMS 的用量,金橙Ⅱ的降解效率并未增加,在复合材料用量一定的条件下,使用 1.95 mmol/L 以及2.60 mmol/L 的 PMS 作用效果与使用 1.30 mmol/L PMS 的作用效果相当。

图 5-36(b)中,金橙Ⅱ的降解速率随着金橙Ⅱ浓度的增大而减小,10 mg/L 的金橙Ⅱ溶液经过 60 min 的反应被降解了 100%,而 40 mg/L 的金橙Ⅱ溶液经过 120 min 的反应后,被降解了 70%。反应温度的变化可有效改变催化反应的速率。图 5-36(c)中,随着反应温度的升高,金橙Ⅱ的降解速率急剧增大。当反应温度为 25 ℃、35 ℃ 和 45 ℃ 时,金橙Ⅱ被完全

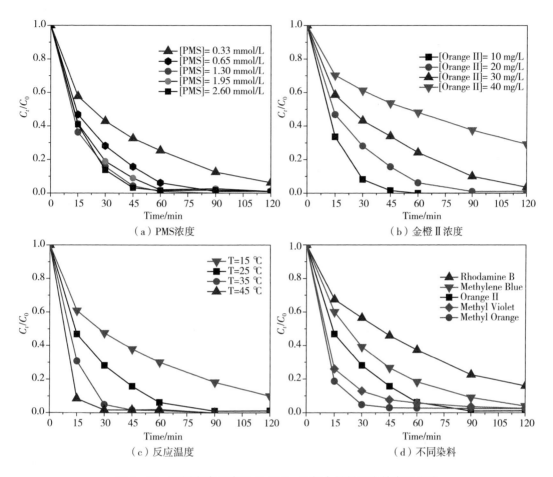

（a）PMS浓度　　　　　　　　　　　　（b）金橙Ⅱ浓度

（c）反应温度　　　　　　　　　　　　（d）不同染料

图 5 - 36　不同考察因素对 Co@N - C 复合材料反应效率的影响

注:反应条件为[染料] = [Co@N - C] = 20 mg/L,[PMS] =0.65 mmol/L,T =25 ℃。

降解所需要的时间分别为 90 min、45 min、30 min。温度上升加快反应进行的主要原因在于:一方面,温度上升,水溶液中的 PMS 受热活化产生更多的活性自由基;另一方面,反应温度的上升降低了金橙Ⅱ降解过程中所需的活化能,进而加快了催化反应速率。图 5 - 36(d)为不同污染物的降解曲线图,从图中可得,Co@N - C 复合材料与 PMS 作用可高效降解罗丹明 B、亚甲基蓝、甲基紫以及甲基橙,几种污染物在 120 min 的反应时间里分别被降解了84.1%、96.0%、97.4%以及 97.5%。该实验结果表明 Co@N - C/PMS 体系可降解不同类型的有机污染物,且具有很好的优越性和普适性,在不同类型的污水处理领域具有潜在的应用价值。

复合材料的重复使用性是决定复合材料能否工业化应用的一个重要指标,实验以Co@N - C 复合材料为研究对象,考察了复合材料的重复利用效果(见图 5 - 37)。图 5 - 37(a)中,Co@N - C 复合材料在第一次使用时,可在 90 min 的反应时间内降解 99%的金橙Ⅱ有机污染物,当经过五次使用后,催化剂仍能在 180 min 的反应时间内降解 98%的有机污染物。图 5 - 37(b)为 Co@N - C 复合材料五次降解污染物的伪一阶动力学曲线。从图中可以看出,随着复合材料的重复使用,反应速率逐步减慢,导致这一现象的原因可能是降解过程中产生的污染物堆积,覆盖在复合材料的表面,进而影响复合材料的降解效果。该实验结果表明,Co@N-C 复合材料具有较好的稳定性,经多次反应后的活性依然较高,这和活性组分金属 Co 被碳纳米管包覆密切相关。单质 Co 被有效包覆,离子浸出较小,因而保持了复合材料的活性,复合材料在多次使用后的稳定性依然较好。

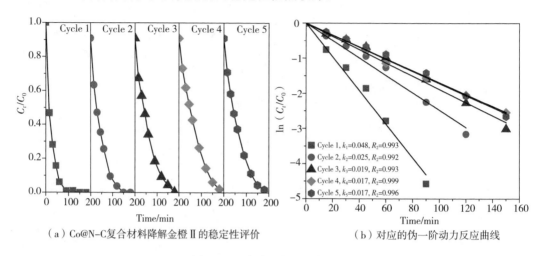

（a）Co@N-C复合材料降解金橙Ⅱ的稳定性评价　　　（b）对应的伪一阶动力反应曲线

图 5-37　复合材料的重复利用

注:反应条件为[金橙Ⅱ] = [Co@N-C] = 20 mg/L,[PMS] = 0.65 mmol/L,T = 25 ℃。

5.4.4　M@N-C复合材料催化反应机理研究

为了阐明复合材料催化作用机制,本研究采用自由基抑制实验探究催化降解过程中自由基的种类及其作用,并以 Co@N-C 复合材料为例,采用 XPS 分析复合材料反应前后组成的变化,进而推断复合材料的活性组分,具体分析过程如下。

大量文献报道,在 PMS 参与的催化降解反应中,$SO_4^- \cdot$ 和 HO· 作为主要的自由基将污染物氧化分解。因此,为了验证此两种自由基参与反应,本研究采用多种抑制剂进行验证实验。大量研究发现,甲醇(MeOH)通常用来抑制溶液中产生的 $SO_4^- \cdot$ 和 HO· ,而叔丁醇(TBA)主要用来抑制 HO· 。采用不同浓度的甲醇和叔丁醇进行抑制实验[见图 5-38(a)和(b)]。

图 5-38 中,Co@N-C 复合材料在没有抑制剂的作用下,在 90 min 反应时间内降解金橙Ⅱ达 99%。而使用 TBA 时,金橙Ⅱ的降解速率随着 TBA 浓度的增大而不断减小[见图 5-38(a)],这一结果表明 HO· 参与金橙Ⅱ的降解过程。图 5-38(b)中,MeOH 未能实现对反应的有效抑制,导致这一现象的原因可能是降解反应发生在复合材料的表面,而亲水性的 MeOH 不能有效捕捉复合材料表面产生的自由基,因此,当使用 MeOH 抑制降解反应时,效果较差。据文献报道,KI 和 BQ 可与复合材料表面产生的 $SO_4^- \cdot$ 发生反应,实现对降解反应的抑制。采用不同浓度的 KI 和 BQ 进行抑制实验[见图 5-38(c)和(d)]。结果表明,KI 和 BQ 可有效抑制反应的进行,金橙Ⅱ的降解效率显著下降。抑制剂的实验结果表明,$SO_4^- \cdot$ 和 HO· 参与了金橙Ⅱ的催化降解过程,且 $SO_4^- \cdot$ 起到了主要的降解作用。

本研究同样采用 TBA、MeOH、KI 以及 BQ 对 Fe@N-C 复合材料和 Ni@N-C 复合材料降解金橙Ⅱ进行了抑制实验[见图 5-39]。从图中可以看出,MeOH 和 TBA 对复合材料

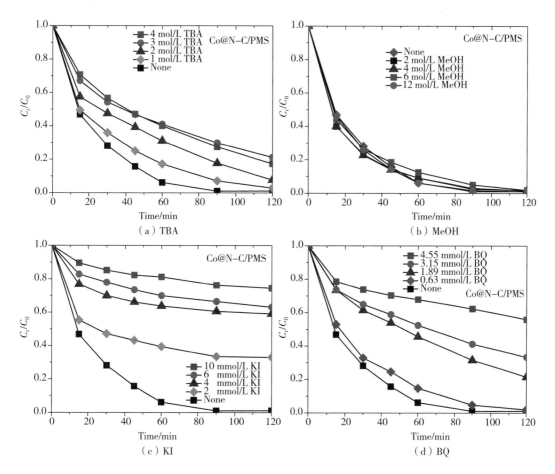

图 5 - 38   Co@N - C/PMS 体系的催化抑制实验反应曲线

注:反应条件为[金橙Ⅱ] = 20 mg/L,[Co@N - C] = 20 mg/L,[PMS] = 0.65 mmol/L,T = 25 ℃。

降解金橙Ⅱ的抑制效果较差,而 KI 和 BQ 对复合材料降解金橙Ⅱ的抑制效果较好,这一实验结果与 Co@N - C 复合材料的抑制实验相符合,表明在 M@N - C/PMS 体系中,均产生了 $SO_4^-·$ 和 HO·。

以 Co@N - C 复合材料为研究对象,对其反应前后元素的变化进行了分析,图 5 - 40 为 Co@N - C 复合材料反应前后的 XPS 图。图 5 - 40(a)为反应前后 N 1s XPS 图,从图中可以看出 N 元素的存在形式主要有吡啶 N(~398 eV)、Co - N(~399 eV)、吡咯 N(~400 eV)、季氮(~401 eV)以及氧化 N(~404 eV),而据文献报道,上述种类的 N 元素都被认为是氧化还原反应的催化活性位点,N 元素的活性掺杂也被认为是提高催化性能的重要方法。对比分析反应前后 N 元素的变化,发现反应后 N 元素的峰值向更高结合能的位置偏移,这可能是因为 N 元素与 PMS 之间产生了电子转移,改变了 N 元素原有的电子配位。

图 5 - 40(b)为反应前后 Co 1s XPS 图,从图中可以看出 Co 元素的存在形式主要有单质钴、钴的化合物(氧化钴、Co - C - N、Co - N)以及硝酸钴。对比分析反应前后 Co 元素的变化,发现单质钴的含量由反应前的 9.88% 减少到反应后的 8.07%,这是由单质钴与 PMS 反

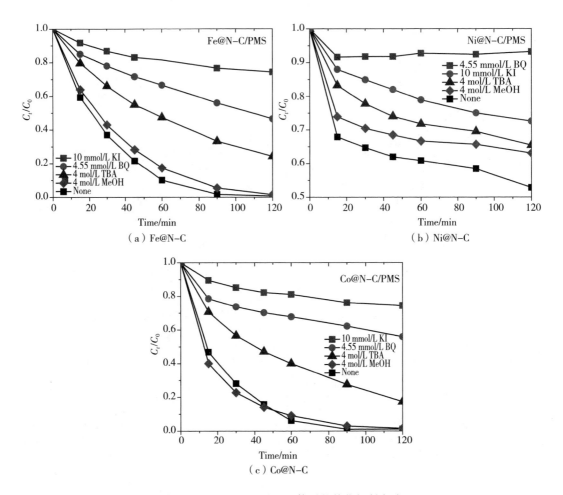

图 5-39　M@N-C/PMS 体系的催化抑制实验

注：反应条件为[金橙Ⅱ] = 20 mg/L,[M@N-C] = 20 mg/L,[PMS] = 0.65 mmol,T = 25 ℃。

应所导致。图 5-40(c)和(d)为 Co@N-C 复合材料反应前后 C 1s XPS 图和 O 1s XPS 图。图5-40(c)中,C 元素在结合能为 284.7 eV、285.2 eV、286.2 eV 以及 289.1 eV 处对应的特征峰分别为碳层中的 C＝C 或 C—C、C—OH 或 C＝N、环氧基(C—O—C)以及羧基(—COOH)。图 5-40(d)中,O 元素在结合能为 530.6 eV、531.4 eV、532.2 eV 以及533 eV 处对应的特征峰分别为 C＝O、C—OH、C—C＝O 和 C—O—C,这与 C 元素的 XPS 图相对应。另外,对比分析反应前后 O 元素的变化发现—OH 的含量在反应后有所增加,这可能是因为 Co@N-C 复合材料表面发生了强烈的羟基化反应,而这一反应与金橙Ⅱ的降解有关。

综上分析,将 Co@N-C 复合材料活化 PMS 降解有机污染物的机理归因于以下两个反应:非自由基反应和自由基反应。Co@N-C/PMS 复合材料催化反应机理图如图 5-41 所示。一方面,碳纳米管表面掺杂的 N 元素与 PMS 作用直接降解有机污染物,这一过程称为非自由基反应。有文献提出氮掺杂碳材料可有效活化 PMS 降解有机污染物,材料中 sp^2 杂化的碳层、锯齿形的碳层边缘以及富电子的氧化物均可作为活性位点来活化 PMS。另外,碳层中高度共价的 π 电子可以活化 PMS 结构中的 O—O 键,同时,掺杂的 N 原子通过与 C

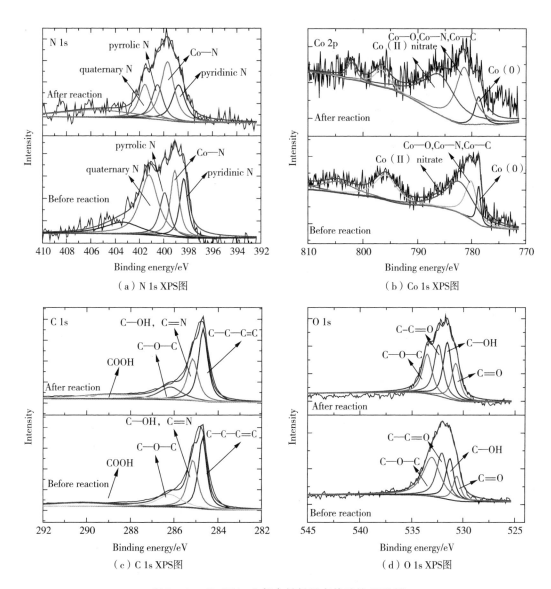

（a）N 1s XPS图

（b）Co 1s XPS图

（c）C 1s XPS图

（d）O 1s XPS图

图 5-40　Co@N-C 复合材料反应前后的 XPS 图

原子的电子传输作用激活相邻 C 原子,为 C 原子提供更多的电子,进而有效提升复合材料的活性,有报道称氮掺杂碳纳米管催化降解有机污染物的速率是纯碳纳米管的 7.8 倍,这进一步证明了氮元素掺杂对活化 PMS 的促进作用。此外,一些报道表明氮原子掺杂形成的 sp^2 杂化碳框架通过碳层中的 π—π 共轭系统增强了复合材料的电子供体能力,从而促进了复合材料与反应物之间的相互作用,更加高效地清除有机污染物。

　　另一方面,Co@N-C 复合材料与 PMS 作用产生具有强氧化性的自由基氧化有机污染物,这一过程称为自由基反应。有研究报道单质钴可活化 PMS 产生 SO_4^-·,为了排除 Co@N-C 复合材料表面单质钴对催化反应的影响,本研究采用酸洗处理以去除 Co@N-C 复合材料表面的单质钴。实验发现,经过酸洗后的 Co@N-C 复合材料仍然具有很好的催

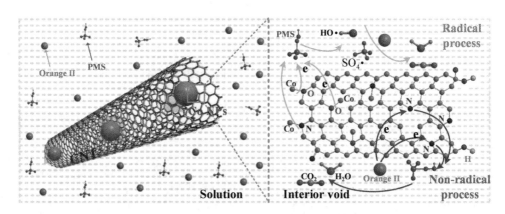

图 5-41　Co@N-C/PMS复合材料催化反应机理图

化氧化效果,表明了 Co@N-C 复合材料表面具有高度分散的活性位点。结合反应前后的
XPS 分析,复合材料表面的 Co 与 N 和 O 形成的 Co-N$_x$ 和 Co-O$_x$ 化合物亦可作为催化反
应的活性位点。此外,Co@N-C 复合材料结构中,由于钴与碳层之间的电子转移以及碳层
表面氮原子和碳原子之间的转移有效降低了碳层表面电子传输阻力,这一电子供体-受体系
统对催化性能的提高起了至关重要的作用。因此,Co@N-C 复合材料在金属纳米粒子和
氮掺杂碳层的协同作用下,在污染物降解反应中表现出优异的催化活性。

5.4.5　小结

本研究以双氰胺为碳源、氮源,以过渡金属盐为金属源,采用热解法制备了氮掺杂碳纳
米管包覆过渡金属纳米颗粒(M@N-C 复合材料,其中,M 为 Fe、Co、Ni),并考察了其在类
Fenton 反应中的活性。采用系列表征方法对 M@N-C 复合材料的微观结构进行了分析,并
考察了反应温度、PMS 用量、污染物初始浓度等不同反应因素对其降解金橙Ⅱ效率的影响。结
果表明金属盐的种类会显著影响 M@N-C 复合材料的催化活性,非均相 M@N-C/PMS 体系
降解金橙Ⅱ的催化效率遵循 Co@N-C/PMS > Fe@N-C/PMS > Ni@N-C/PMS 的顺序。
通过自由基抑制实验得出复合材料表面的 SO$_4^-$ • 和 HO • 为主要的活性物种,并结合表征分
析推断出金属与氮掺杂的碳纳米管协同作用共同活化 PMS 降解有机污染物。本研究结果表
明,在氮掺杂碳纳米管中包覆金属纳米颗粒是提高复合材料性能的有效策略之一。

5.5　生物质衍生 3D 镍嵌入氮掺杂纳米管/碳多孔碳
(3D Ni⁰@N-C)复合材料的制备及其催化氧化性能研究

5.5.1　3D Ni⁰@N-C 复合材料的制备

活性炭的制备:活性炭的制备方法如 5.3 节内容所述,并命名为 AC(activated carbon)。
3D Ni⁰@N-C 复合材料的制备:称取 0.2 g AC 和 1.0 mmol 六水合氯化镍(NiCl$_2$ ·
6H$_2$O),将二者均置于含 200 mL 甲醇的烧杯中,室温持续搅拌 6 h,使其充分浸渍,然后于
80 ℃下干燥并研磨均匀;称取 0.0476 mol 二氰二胺(N 的质量分数为 66.7%),并将其与上
述混合物相混合,充分研磨直至均匀。将上述非均相混合物置于石英舟中,并移置管式电阻

炉中进行高温热解,其反应在 N$_2$ 流速为 200 mL/min,升温速率为 10 ℃/min,一段恒温温度为 500 ℃,一段恒温时间为 2 h,二段恒温温度为 700 ℃,二段恒温时间为 2 h 条件下进行,即可得 3D Ni^0@N-C$_{700}^{1.00}$ 复合材料。此外,保持操作参数不变,分别改变 NiCl$_2$·6H$_2$O 的掺杂量为 0 mmol、0.25 mmol、4.00 mmol,则所制备的样品分别命名为 N-C、3D Ni^0@N-C$_{700}^{0.25}$、3D Ni^0@N-C$_{700}^{4.00}$;保持 Ni 含量为 1.00 mmol 不变,在二段煅烧温度为 800 ℃、900 ℃ 条件下所制备的样品分别命名为 3D Ni^0@N-C$_{800}^{1.00}$ 和 3D Ni^0@N-C$_{900}^{1.00}$。3D Ni^0@N-C 复合材料的合成路线图如图 5-42 所示。

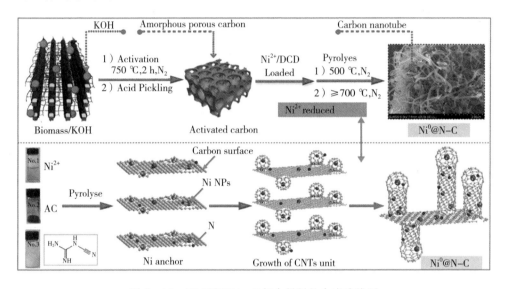

图 5-42 3D Ni^0@N-C 复合材料的合成路线图

5.5.2 3D Ni^0@N-C 复合材料的表征

采用 XRD 分析 3D Ni^0@N-C 复合材料的晶相结构,结果如图 5-43 所示。其中,3D Ni^0@N-C 复合材料在 2θ 为 44.5°、51.8° 和 76.3° 处出现界限清晰的衍射峰,这与 Ni^0 的物相(JCPDS,04-0850)相一致,且分别对应于 Ni^0 的(111)晶面、(200)晶面和(220)晶面。此外,在 2θ 为 26.4° 处出现一个强度较弱的衍射峰,这与石墨碳(C)的物相(JCPDS,41-1487)相一致,对应于 C 的(002)晶面。C 峰的出现归因于碳基骨架上碳纳米管的有效生长和分布,其中,3D Ni^0@N-C$_{900}^{1.00}$ 复合材料的石墨碳峰强度最为明显,这是因为高温促进了碳纳米管的有效生长[见图 5-43(b)]。此外,随着 Ni 负载量的增加,Ni^0 的 2θ 衍射峰强度显著提升[见图 5-43(a)]。

为了研究物相成分,对 3D Ni^0@N-C 复合材料进行了空气流热重分析(见图 5-44),结果表明不同镍掺杂量的 3D Ni^0@N-C 复合材料的组成差异明显[见图 5-44(a)]。采用不同二段煅烧温度所制备的 3D Ni^0@N-C 复合材料的 TG 分析测试结果如图 5-44(b)所示。由 3D Ni^0@N-C 复合材料的空气流 TG 曲线可知 AC 和 N-C 灰分的质量分数约为 3%。基于此,当温度升至 800 ℃ 时 3D Ni^0@N-C 复合材料高温分解,反应结束后产物应分别为 NiO 和灰分。

本研究考察了不同煅烧温度所制备的 3D Ni^0@N-C 复合材料的形貌[见图 5-45(a)~(c)],由图可知,碳纳米管高密度垂直生长并随机分布于 AC 表面,随着煅烧温度的升高,所制

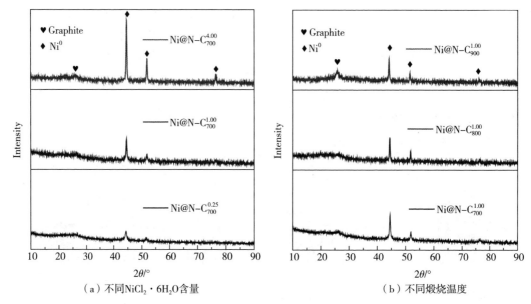

（a）不同NiCl₂·6H₂O含量　　　　　　（b）不同煅烧温度

图 5-43　不同 NiCl₂·6H₂O 含量和不同煅烧温度下所制备的 3D Ni⁰@N-C 的 XRD 图

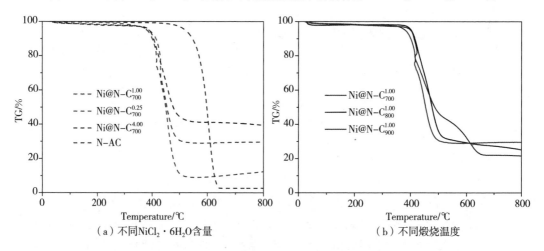

（a）不同NiCl₂·6H₂O含量　　　　　　（b）不同煅烧温度

图 5-44　不同 NiCl₂·6H₂O 含量和不同煅烧温度下所制备 3D Ni⁰@N-C 的空气流 TG 曲线

备的 3D Ni⁰@N-C 复合材料上碳纳米管的直径明显增长，这是因为高温促使了碳纳米管在碳基表面有效地生长。其中，3D Ni⁰@N-C$_{700}^{1.00}$、3D Ni⁰@N-C$_{800}^{1.00}$ 和 3D Ni⁰@N-C$_{900}^{1.00}$ 中的碳纳米管直径分别约为 43.5 nm、70.0 nm 和 104.8 nm。不同 3D Ni⁰@N-C 复合材料的拉曼光谱如图 5-45(d)所示。拉曼光谱表明随着煅烧温度的提升，G 峰(1575 cm⁻¹)强度明显提升，煅烧温度为 700 ℃、800 ℃ 和 900 ℃ 时的 I_D/I_G 值分别为 1.09、1.05 和 0.93，这表明高温促进碳基表面碳纳米管有效地生成，进而使得石墨 G 峰增强，这与 XRD 分析结果相一致。

　　图 5-46(a)表明该 3D 结构材料表面具有较为密集的碳纳米管，图 5-46(b)显示了金属镍纳米颗粒具有界限清晰的晶格，表明其具备高结晶度，其晶格间距分别为 2.03 Å 和 1.76 Å，这两个晶格分别对应于复合材料中 Ni⁰ 的(111)晶面和(200)晶面。此外，元素分布图清晰地展示了其局部元素分布[见图 5-46(c)~(f)]。

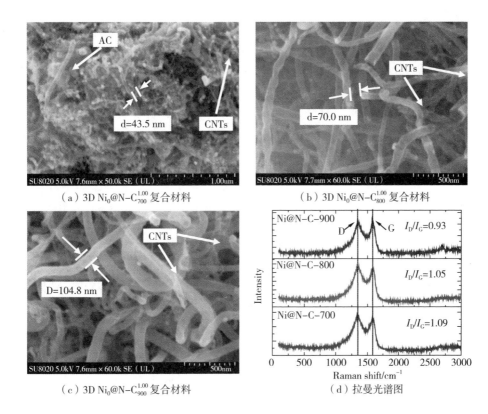

（a）3D Ni$_0$@N-C$_{700}^{1.00}$复合材料

（b）3D Ni$_0$@N-C$_{800}^{1.00}$复合材料

（c）3D Ni$_0$@N-C$_{900}^{1.00}$复合材料

（d）拉曼光谱图

图5-45   3D Ni^0@N-C$_{700}^{1.00}$复合材料、3D Ni^0@N-C$_{800}^{1.00}$复合材料和
3D Ni^0@N-C$_{900}^{1.00}$复合材料的 SEM 照片以及不同复合材料的拉曼光谱图

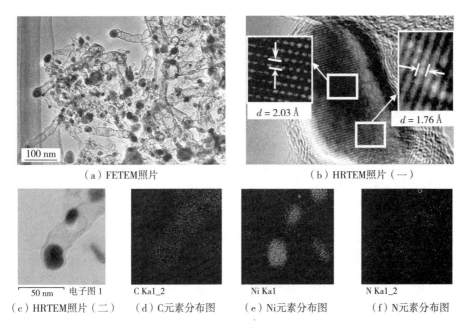

（a）FETEM照片

（b）HRTEM照片（一）

（c）HRTEM照片（二）   （d）C元素分布图   （e）Ni元素分布图   （f）N元素分布图

图5-46   3D Ni^0@N-C$_{700}^{1.00}$复合材料的表征图

3D $Ni^0@N\text{-}C_T^X$ 复合材料的氮气吸脱附曲线和孔径分布曲线如图 5-47 所示,其比表面积和多孔性见表 5-3 所列。其中,比表面积由 N_2 吸附带计算而得,其测试相对压力范围为 $0.049 \leqslant P/P_0 \leqslant 0.35$;微孔比表面积$(S_{mic})$和微孔体积$(V_{mic})$由 t-plot 法计算而得;总孔容$(V_t)$ 由 N_2 吸附带在相对压力为 $P/P_0 = 0.98$ 计算而得。由图 5-47(a)可得,$Ni^0@N\text{-}C_T^X$ 的氮气吸脱附曲线符合典型的 IV 型,这表明其存在微介孔结构。计算可得 $Ni^0@N\text{-}C_{700}^{1.00}$、$Ni^0@N\text{-}C_{800}^{1.00}$ 和 $Ni^0@N\text{-}C_{900}^{1.00}$ 的比表面积分别为 558.4 m^2/g、486.5 m^2/g 和 282.5 m^2/g。由图 5-47(b)可知,$Ni^0@N\text{-}C_T^X$ 的孔径主要集中于 $1\sim10$ nm 处,且随着煅烧温度的提升,所制备催化剂的比表面积、介孔体积和介孔比表面积的变化较大,这表明制备温度对催化剂的物化特性影响较大。

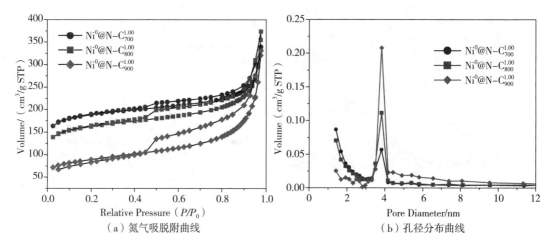

(a)氮气吸脱附曲线　　　　　　　　(b)孔径分布曲线

图 5-47　3D $Ni^0@N\text{-}C_T^X$ 复合材料的氮气吸脱附曲线和孔径分布曲线

表 5-3　3D $Ni^0@N\text{-}C_T^X$ 复合材料的比表面积和多孔性

催化剂种类	$S_{BET}/$ (m^2/g)	$S_{mic}/$ (m^2/g)	$S_{mic}/S_{BET}/$ %	$V_t/$ (cm^3/g)	$V_{mic}/$ (cm^3/g)	$V_{mic}/V_t/$ %	V_{ave}/nm
3D $Ni^0@N\text{-}C_{700}^{1.00}$ 复合材料	558.4	464.9	83.3	0.52	0.255	49.0	3.76
3D $Ni^0@N\text{-}C_{800}^{1.00}$ 复合材料	486.5	376.2	77.3	0.57	0.207	36.3	4.75
3D $Ni^0@N\text{-}C_{900}^{1.00}$ 复合材料	282.5	161.3	57.1	0.51	0.089	17.5	7.25

5.5.3　3D $Ni^0@N\text{-}C$ 复合材料的催化性能评价

非均相 3D $Ni^0@N\text{-}C$/PMS 体系的催化降解实验以金橙 II 为研究对象。研究发现,AC、$N\text{-}C$、3D $Ni^0@N\text{-}C_{700}^{0.25}$ 复合材料、3D $Ni^0@N\text{-}C_{700}^{1.00}$ 复合材料和 3D $Ni^0@N\text{-}C_{700}^{4.00}$ 复合材料的吸附去除率分别为 40.9%、61.0%、47.5%、34.1% 和 23.3%。当 PMS 投入反应后,AC、$N\text{-}C$ 均能催化 PMS 降解有机污染物,但效率较低,分别为 12.4% 和 7.2%[见图 5-48(a)和(b)]。随着镍的嵌入,复合材料的催化活性显著提升,这是因为镍能够促进材料的物理化学结构产生变化并提供充分的活性位点。另外,3D $Ni^0@N\text{-}C_{700}^{1.00}$ 复合材料相比于其他镍比例的复合材料的催化活性都高,这表明 Ni 纳米颗粒在催化机制中起到关键作用。实验同时考察了 NiO、Ni^0、Ni^{2+}、商用碳纳米管和石墨烯氧化物的催化活性,其去除率分别为 1.1%、5.8%、2.2%、20%和31.4%[见图5-48(c)]。

实验考察了不同煅烧温度所制备的 3D Ni^0@N-C_T^X 复合材料的催化活性,研究结果表明,随着煅烧温度的升高,所制备复合材料的催化活性逐渐降低[见图5-48(d)]。3D Ni^0@N-$C_{700}^{1.00}$ 复合材料、3D Ni^0@N-$C_{800}^{1.00}$ 复合材料和 3D Ni^0@N-$C_{900}^{1.00}$ 复合材料的吸附催化降解率分别为 99.8%、96.2%和68.8%。基于表征分析,在碳基骨架相一致的情况下,碳纳米管及碳基表面物化特性因煅烧温度的不同而差异明显,从而致使 3D Ni^0@N-C_T^X 复合材料催化活性的不同。

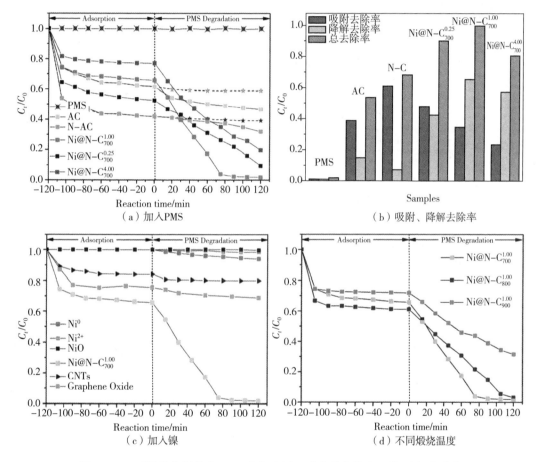

图5-48　不同催化剂催化 PMS 降解金橙Ⅱ动力学曲线和吸附、降解去除率

注:反应条件为[金橙Ⅱ] = 20 mg/L,[催化剂] = 50 mg/L,[PMS] = 0.1 g/L,T = 25 ℃。

为了推广非均相 3D Ni^0@N-$C_{700}^{1.00}$/PMS 体系的实际应用,实验考察了其对工业废水中常见有机污染物的吸附催化效果。研究结果表明,非均相 PMS/3D Ni^0@N-$C_{700}^{1.00}$ 体系对苯酚、4-氯苯酚、双酚 A、甲基紫、金橙Ⅱ、罗丹明 B、甲基橙和亚甲基蓝均具有优异的吸附催化活性[见图5-49(a)]。这表明该 3D Ni^0@N-C_T^X 复合材料不仅能够活化 PMS 产生活性自由基,而且所产生的自由基能够降解多种有机污染物。

研究考察了实验中金橙Ⅱ降解过程中的 UV-Vis 光谱图及化学需氧量变化情况。随着反应的进行,UV-Vis 光谱图中波长位于 227 nm、310 nm 和 484 nm 处的吸收峰强度持续降低,这表明反应中的有机物被降解为小分子化合物。但在波长为 253 nm 处出现一个峰,这可能是降解过程中所生成的中间产物,如图 5-49(b)所示。此外,反应体系中,化学需氧量在吸附过程(−120~0 min)和催化过程(0~120 min)分别下降了 39.2% 和 47.8%,这表明了金橙Ⅱ被有效去除。

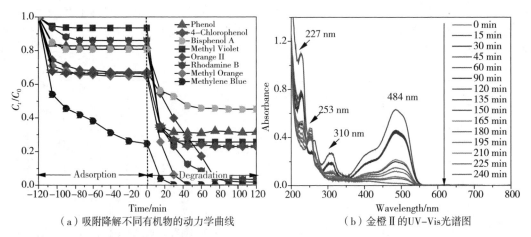

（a）吸附降解不同有机物的动力学曲线　　　（b）金橙Ⅱ的UV-Vis光谱图

图 5-49　3D Ni⁰@N-C$_{700}^{1.00}$ 吸附降解不同有机物的动力学曲线及金橙Ⅱ的 UV-Vis 光谱图

注:反应条件为[金橙Ⅱ] = 20 mg/L,[3D Ni⁰@N-C$_{700}^{1.00}$] = 50 mg/L,T = 25 ℃。

为诠释 3D Ni⁰@N-C 复合材料表面结构在类 Fenton 反应中的作用机制和评估催化反应后复合材料表面结构的稳定性,利用 XPS 对反应前后 3D Ni⁰@N-C 复合材料进行了表征(见图 5-50)。

其中,图 5-50(a)为反应前后的 3D Ni⁰@N-C$_{700}^{1.00}$ 复合材料的 XPS 全谱图,图 5-50(b)~(d)分别表示 Ni 2p XPS 图、N 1s XPS 图和 O 1s XPS 图。由图 5-50(b)可知,反应前后的 3D Ni⁰@N-C$_{700}^{1.00}$ 复合材料中 Ni2p 峰主要分为 Ni 2p$^{1/2}$ 和 Ni 2p$^{3/2}$ 峰,其结合能分别位于 873.1 eV 和855.5 eV,这表明该碳基材料表面存在 Ni 纳米颗粒。此外,Ni 2p$^{3/2}$ 主要包括四个主峰,其中结合能为 861.5 eV 的峰、结合能为 854.3 eV 的峰和结合能为 855.8 eV 的峰对应于 Ni^{2+},结合能为 852.9 eV 的峰代表着 Ni⁰ 离子价态轨道。研究发现,Ni⁰/Ni 的总比例由反应前的 14.7% 降低至反应后的 9.0%,这表明部分 Ni⁰ 在类 Fenton 反应中被氧化成了 Ni^{2+}。

近年来,基于类 Fenton 反应的持续性研究和发展,非金属元素在碳基材料领域的应用增多,本研究通过 XPS 考察反应前后复合材料表面非金属元素的变化,予以探索非金属在自由基衍生机制中的作用机制。

如图 5-50(c)所示,3D Ni⁰@N-C$_{700}^{1.00}$ 复合材料的 N 1s 轨道主要存在四个 N 峰,其中结合能为 398.9 eV 的峰对应于吡啶氮,结合能为 400.0 eV 的峰对应于吡咯氮,结合能为 401.3 eV 的峰对应于石墨氮,结合能为 405.5 eV 的峰对应于吡啶氮氧化物,这表明氮元素已掺入碳基骨架。该复合材料中,氮元素可能与 Ni 络合形成了 Ni-N$_x$ 等活性化合键或基团,且吡啶氮、吡咯氮、吡啶氮氧化物和石墨氮被认为是具有氧化还原活性的催化活性位点。此外,反应后 N 1s 的轨道峰强度降低,这是由于反应过程中 PMS 与含 N 基团发生了氧化配位作用,进而促进了其电子的转移,最终使得含 N 化合键发生氧化还原反应。

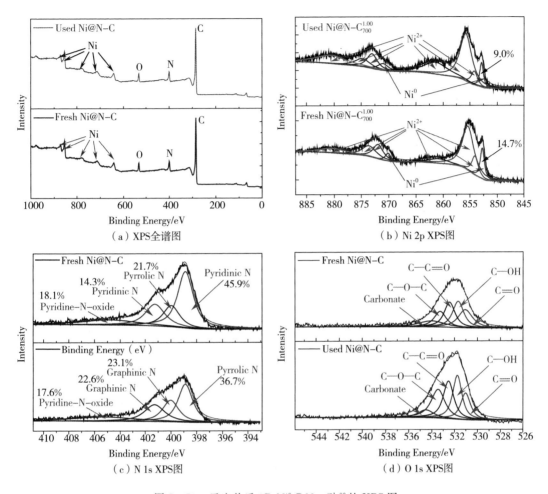

图 5-50   反应前后 3D Ni^0@N-$C_{700}^{1.00}$ 的 XPS 图

由图 5-50(d)分析可知,O 1s 峰可以裂分为五个峰,这五个峰的结合能分别为 531.0 eV、531.7 eV、532.5 eV、533.4 eV 和 534.5 eV,并分别对应于 C=O、C—OH、C—C=O、C—O—C 和碳酸盐(Carbonate)。反应后 O 1s 峰的强度增大,这是由于在反应中 PMS 与表面催化基团发生了氧化配位作用促进了电子的转移,进而使碳基表面发生了氧化反应。综上所述,非均相 3D Ni^0@N-C/PMS 体系中催化剂表现出的优异的类 Fenton 催化活性是基于多孔碳基体及碳纳米管的物化特性、Ni 元素的嵌入和 N 元素的掺杂的。

5.5.4   3D Ni^0@N-C 复合材料催化反应机理研究

基于非均相 3D Ni^0@N-C/PMS 体系在催化反应中表现出的优异的效果,且这种 PMS 活化机制一般基于三元反应,即催化剂、氧化剂(PMS)和金橙 II。因此,这种催化反应的电子传输过程一般主要包括两个阶段,即复合材料表面络合 PMS 衍生活性复合物的第一阶段和有机污染物与表面活性复合物发生氧化反应的第二阶段。尽管相关研究证明碳纳米管能够催化过硫酸盐产生 $SO_4^-\cdot$,但是关于 3D Ni^0@N-C/PMS 体系中是否真实存在 $SO_4^-\cdot$ 和 HO·仍然值得研究。

本研究拟以 5,5 -二甲基- 1 -吡咯啉- N -氧化物(DMPO)为自由基旋转捕获剂,采用电子自旋共振技术(ESR)表征并分析了该非均相 3D Ni^0@N - C/PMS/金橙Ⅱ体系中可能存在的自由基(见图 5 - 51)。由图 5 - 51(a)和(b)可知,在 PMS 没有投入反应液时(0 min),ESR 测试光谱中出现微弱的信号,这表明在无氧化剂存在下,催化剂不能自主催化氧化金橙Ⅱ。当 PMS 投入反应,并且反应时间为 15 min 时,测试光谱出现了三种信号,分别为碳自由基、DMPO 的氧化物[DMPO - X,5,5 - dimethyl - pyrrolidone - 2 -(oxy)-(1)或 5,5 - dimethyl - 1 - pyrrolidone - 2 - oxy]和羟基自由基(DMPO—OH)的信号,而关于 DMPO—SO_4 的信号峰并没有出现。图 5 - 51(a)和图 5 - 51(b)中,DMPO—OH 和 DMPO—X 的 ESR 超精细分离常数分别为 $a_N = a_H = 14.9$ G,$a_N = (7.3 \pm 0.1)$ G、$a_H = (3.9 \pm 0.1)$ G,这与相关研究结论相一致。

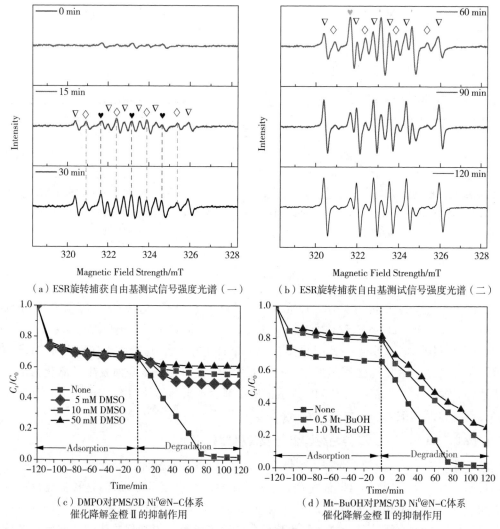

（a）ESR旋转捕获自由基测试信号强度光谱（一）　　　（b）ESR旋转捕获自由基测试信号强度光谱（二）

（c）DMPO对PMS/3D Ni^0@N-C体系
催化降解金橙Ⅱ的抑制作用

（d）Mt-BuOH对PMS/3D Ni^0@N-C体系
催化降解金橙Ⅱ的抑制作用

图 5 - 51　ESR 旋转捕获自由基测试信号强度光谱[(a)和(b)]及
自由基捕获剂对 PMS/3D Ni^0@N - C 体系催化降解金橙Ⅱ的抑制作用
注:♥表示 DMPO 氧化物信号;▽表示碳自由基信号;◇表示羟基自由基信号。

其中,基于反应中 DMPO 的自身特性,它会优先与高氧化还原电位的 $SO_4^-\cdot$ 反应生成 DMPO—SO_4 并出现相应的信号(DMPO—SO_4:$a_N = 13.2$ G,$a_H = 9.6$ G,$a_H = 1.48$ G,$a_H = 0.78$ G),然而在 $0\sim120$ min 时间内都没有检测到其信号峰。当反应时间为 $0\sim60$ min,DMPO—X 信号持续增强,而在反应时间为 $60\sim120$ min 时,其信号持续减弱,并于 120 min 时达到最低,这可能与三元催化氧化反应过程密切相关。DMPO—X 信号峰的出现归因于 DMPO 在自旋捕获反应中被直接氧化而非自由基氧化,这直接证明了该反应体系中存在直接氧化作用机制。值得注意的是,碳自由基的信号峰值强度在反应时间为 $0\sim120$ min 内持续增大,并于 120 min 时达到最大,这归因于反应过程中所产生的自由基能够与金橙Ⅱ或其中间产物结构中的 CH_3 和 CH_2 官能团反应,进而转化产生低氧化活性的碳自由基。

过渡金属复合材料均能够活化 PMS 产生 $SO_4^-\cdot$,且不同金属基复合材料基于自身物化性质的不同催化效果也存在差异。相关研究表明,复合材料的 ESR 检测谱图中没有出现 DMPO—SO_4 信号,这可能归因于捕获实验中 DMSO—SO_4 的信号较弱和复合材料的吸附能力较强,使得 $SO_4^-\cdot$ 被吸附于复合材料表面,进而在溶液中无法得以有效检测。

当前,典型的自由基抑制实验通常是在反应过程中添加自由基捕获剂来研究 PMS 氧化反应中的主要活性氧化基团。其中,TBA 常作为 $HO\cdot$ 的捕获剂,其与 $HO\cdot$ 的作用较强 $[k_{HO\cdot}$ 值为 $(3.7\times10^8\sim7.6\times10^8)M^{-1}\cdot s^{-1}]$,与 $SO_4^-\cdot$ 的作用较弱 $[k_{SO_4^-}$ 值为 $(4.0\times10^5\sim9.0\times10^5)M^{-1}\cdot s^{-1}]$,二甲基亚砜(DMSO)作为典型的活性基团捕获剂,目前已被应用于 $SO_4^-\cdot$ 和 $HO\cdot$ 的自由基抑制反应。由图 5-51(c)和(d)可知,不添加抑制剂时,金橙Ⅱ可在 120 min 内被降解 98.2%。当分别添加 5 mmol/L、10 mmol/L 和 50 mmol/L 的 DMSO 时,其在 120 min 内可分别被降解 51%、44.2% 和 39.4%,当分别添加 0.5 mmol/L 和 1 mmol/L 的 TBA 时,其可分别被降解 85.4% 和 75.2%。因此,基于非均相 3D Ni^0@N-C/PMS 体系中存在 $SO_4^-\cdot$ 和 $HO\cdot$ 的自由基反应。

综上所述,非均相 3D Ni^0@N-C/PMS 体系在催化降解金橙Ⅱ反应中的主要作用方式包括非自由基机制和自由基机制。其一,3D Ni^0@N-C 复合材料活化 PMS 产生的 $SO_4^-\cdot$ 和 $HO\cdot$ 等降解有机污染物。其二,碳基材料表面的无定形碳能够通过非自由基作用机制直接耦合高氧化电势电位的 $PMS[E^0(HSO_5^-/SO_4^{2-})=1.75$ V]降解有机污染物,这种非自由基氧化反应可能衍生于复合材料表面的 sp^2 碳、锯齿形边缘、富电子含氧或氮化合物及缺陷位等,并已在相关科学研究中得以证实。

5.5.5 小结

本研究以生物质废弃物为原料制备的生物质活性炭为前驱体,采用环境友好、成本低廉、易于操作的高温热解法合成了 3D Ni^0@N-C 复合材料。研究结果表明,基于镍嵌入氮掺杂碳纳米管/多孔碳复合材料的形成不仅有效改善了 Ni 基复合材料的催化氧化还原活性,且在多相催化领域极具应用前景。XRD 和 SEM 等表征结果表明 3D Ni^0@N-C 复合材料具有丰富的多孔结构以及较大的比表面积,Ni^0 促进了碳层上碳纳米管的生长。这种综合多孔结构、氮掺杂和金属 Ni 纳米颗粒的复合材料能够有效提升污染物的吸附或催化性能。基于实验结果,0.05 g/L 3D Ni^0@N-$C_{700}^{1.00}$ 复合材料可在 0.1 g/L PMS 存在下于 210 min 内吸附降解 99.8% 的浓度为 20 mg/L 的 200 mL 金橙Ⅱ溶液,且对苯酚、双酚 A 等有机污染物同样具备优异的催化活性。因此,这种 3D Ni^0@N-C 复合材料可用于耦合非均相催化技术净化有机污染物。

第 6 章　总结与展望

6.1　总　　结

针对目前工业废水中持久性有机污染物处理的关键技术难题,本书从催化剂制备及构建新型类 Fenton 体系进行了探索性和实证性研究,并得到以下主要结论:

(1)以鳞片石墨为原料,采用改进的 Hummers 法制备氧化石墨,以所制备的氧化石墨作为前驱体,在水溶液中用原位合成技术成功制备了 $Mn_3O_4@rGO$、$Co@rGO$、$\alpha\text{-}CO(OH)_2@rGO$、$MnFe_2O_4@rGO$、$ZnFe_2O_4@rGO$ 系列复合材料,并研究了其活化氧化剂(PMS、H_2O_2)降解有机污染物的性能。采用 FESEM、EDS、TEM、XRD、拉曼光谱、XPS 和 TGA 对所制备的复合材料进行相关的表征测试,结果表明金属纳米颗粒成功负载到 rGO 表面。催化性能测试结果表明,在常温条件下,基于 rGO 的复合材料能将有毒有机污染物金橙 Ⅱ 完全降解,rGO 的催化活性较弱,复合材料的催化活性高于金属氧化物,表明金属纳米颗粒和 rGO 之间的协同作用导致催化活性提高。此外,复合材料在循环多次后仍可在反应时间内反应完全,显示出良好的稳定性。

(2)通过两步煅烧法合成了 $g\text{-}C_3N_4$ 纳米片,再通过组装法制备了基于 $g\text{-}C_3N_4$ 的复合材料($CoFe_2O_4@C_3N_4$、$CuFe_2O_4@C_3N_4$、$ZnFe_2O_4@C_3N_4$),并且通过 XRD、FTIR、TGA、XPS、FESEM、FETEM 以及 UV-Vis 对其进行了表征。通过以 H_2O_2、PMS 等为氧化剂,考察了复合材料降解金橙 Ⅱ 的催化性能。同样研究了反应动力学、催化降解机理、催化剂稳定性以及金属纳米颗粒和 $g\text{-}C_3N_4$ 纳米片在反应中发挥的作用。结果表明,新型反应体系比传统 Fenton 体系(Fe^{2+}/H_2O_2)效能更优,且在中性条件下展现出极强的催化活性。研究结果表明,$g\text{-}C_3N_4$ 纳米片可与 $ZnFe_2O_4$、$CuFe_2O_4$ 等金属纳米颗粒形成异质结促进光生电子与空穴分离,也可作为催化剂促进氧化剂分解生成 $HO\cdot$。此外,多相复合材料具有稳定的催化性能,在多次循环使用后催化性能基本不变,表明其能应用于催化降解有机污染物领域。

(3)采用一步热解法制备了基于碳纳米管(CNT)的复合材料($Fe@C\text{-}BN$、$3D\ Fe@N\text{-}C$、$3D\ M@N\text{-}C$、$Ni@N\text{-}C$),并成功地将其应用于活化 PMS 降解有机污染物的反应体系中。系列表征结果显示催化剂具有管状结构,且金属纳米粒子被碳纳米管有效包覆形成核壳结构。催化性能测试结果表明,常温条件下基于 CNT 的复合材料能将有毒有机污染物金橙 Ⅱ 完全降解。另外,催化循环实验结果表明复合材料具有很好的稳定性。通过自由基抑制实验和电子顺磁共振光谱得出复合材料表面的 $HO\cdot$ 和 $SO_4^-\cdot$ 为主要活性物质,并结合表征分析推断出金属与碳纳米管协同作用共同活化 PMS 降解有机污染物。

综上所述,全书重点阐述了不同碳基复合材料,如基于碳纳米管(CNT)的复合材料($Fe@C\text{-}BN$、$3D\ Fe@N\text{-}C$、$M@N\text{-}C$、$3D\ Ni@N\text{-}C$),基于 rGO 的复合材料[$Mn_3O_4@$

rGO、Co@rGO、α-CO(OH)$_2$@rGO、MnFe$_2$O$_4$@rGO、ZnFe$_2$O$_4$@rGO]，以及基于 g-C$_3$N$_4$ 的复合材料(CoFe$_2$O$_4$@C$_3$N$_4$、CuFe$_2$O$_4$@C$_3$N$_4$、ZnFe$_2$O$_4$@C$_3$N$_4$)。本书详细地论述了碳基复合材料的合成方法与表征手段，合成过程中所涉及的协同反应及自组装机理，材料结构及调控技术，碳基材料掺杂改性对其催化性能的影响，揭示了复合材料的组成、结构、表界面性质、催化性能的构效关系，建立了系统的类 Fenton 氧化理论。研究结果表明碳基复合材料对有机污染物的降解性能优异，可重复利用，在净化废水领域具有较好的工业化应用前景。

6.2 展　望

在资源紧张、水环境日益恶化的今天，如何更快、更高效地进行污水处理是一个亟待解决的重大问题。金属或复合金属氧化物作为典型的非均相催化材料，在环境治理领域具有广阔的应用前景，但自身的聚集效应、易钝化和不耐酸碱性严重限制了其催化性能的持续提高。为了改善这些缺陷，通常选择合适的载体相复合，这时碳基载体彰显出了比惰性载体更加优异的功能性，如纳米尺寸、比表面积大、优异的导电性和可修饰性等。

随着碳材料的发现及其独特的物化性质的揭示，它是最具发展潜力的新型纳米材料，其具有稳定性好、强度高、比表面积大和来源丰富等特点。国家《新材料产业"十三五"发展规划》确定重点发展前沿新材料及高性能复合材料，以及推进碳纤维低成本与高端创新示范重大工程等，近年来纳米碳材料研究的迅猛发展也为其在资源与环境领域的开发应用提供了平台。

然而，纳米碳基复合材料催化降解水中有机污染物是纳米材料和环境科学的一个交叉点，作为一个新型学科，方兴未艾。虽然已有许多尝试，但距离其工业化应用还有一定的距离，仍需开展许多基础研究工作。在如下几个方面相关领域的研究还应该更加深入：

(1)碳基复合材料的可控制备与形成机理。作为催化剂载体，纳米碳材料可以与活性组分之间产生协同效应等，因此其比传统催化剂具备更大的优越性。通过深入研究表面结构对活性的调控作用来进行复合材料设计，是未来催化材料的发展方向。采用理论和实验相结合的策略，利用量子力学和分子动力学开展模型研究以指导新型碳基复合材料的设计和制备，细致地研究尺寸效应和量子效应对其性能的影响以寻求从理论层面探索影响催化性能的规律和本质。最终在实验中总结碳基复合材料的生长规律，找出影响复合材料性能的关键因素。

(2)碳基复合材料的原位表征技术的发展。除了前述的要对碳基复合材料的可控制备外，对碳基复合材料的原位表征也是纳米碳基复合材料研究的一个重要部分。无论是在碳基复合材料的制备，还是其催化降解有机污染物研究过程中原位表征都是重要的一部分。研究碳基复合材料的形成机理和催化反应机理也必须借助原位表征技术。目前虽然已经有用原位红外光谱、原位拉曼光谱、原位电子顺磁共振光谱研究碳基复合材料，并对掌握其催化机理起了重要作用，但这还远远不够，如反应过程中复合材料结构的变化、复合材料失效的原因等问题仍不明确，所以有待进一步开展研究。此外近年来兴起的原位同步辐射技术对揭示高温条件下碳基复合材料的形成机理具有重要意义。

(3)碳基复合材料的实际应用。要使碳基复合材料真正实现大规模工业化应用，在碳基复合材料的制备和应用方面仍有许多问题需要解决。

首先,如何实现真正的高质量的工业化生产。要使此类材料真正得到应用,首要目标是能够实现连续批量生产,使结构均匀且可控,继续降低生产成本实现商业化生产,提高纯度,解决结构分散的问题。怎样探索新的制备技术和工艺是目前科研人员合成新型碳基复合材料的关键。

其次,在应用方面还存在许多问题有待解决。工业废水大多成分复杂,污染物浓度高且生物抑制因子高,极难降解。根据国内外污水处理经验,单独采用生物氧化(如活性污泥)法,难以取得良好的治理效果,其主要原因是污水中含有大量有毒、有害物质,可生化性差。多数情况下需要多元氧化和生化相结合才能达到较好的处理效果。然而,目前对碳基复合材料降解水中有机污染物的研究还多处于实验室研究阶段,对实际工业废水的实施较少。应深入研究碳基复合材料在实际工业废水环境中的净化行为,分析其能否继续发挥其作用。因此在实际应用中,应对每个工业废水认真考察,明确污染物的类型和浓度、pH、盐分浓度等,有针对性地制订净化策略,并在实验室通过模拟现场环境考察碳基复合材料的稳定性、反应活性和可重复性,评估出合适的碳基复合材料,并确定投放复合材料的量和投放周期等。

(4)工业废水处理的自动化。废水处理设施的自动化管理在国外已经得到普遍应用,如"基于人工智能的膜控制系统 Intelli Flux"技术。Intelli Flux 系统通过感应进水水质来确定最佳的操作及保养参数,从而充分优化膜处理性能,显著降低运营成本,目前被用于处理美国加利福尼亚州石化废水的农业回用。我国工业废水处理现已开始自动化发展进程,但仍处于初级阶段,未来深度的废水自动化处理厂必将成为主流趋势。工业企业要实现废水的高效治理,首先,要继续研究优化废水处理技术、降低处理成本,落实企业的社会与环保责任,不断完善自身水资源保护和循环利用体系。其次,应创新开展各种废水处理工艺和回用技术的落地研究,将理论的技术转换为工程实际,在实践操作中继续优化工程技术理论和运营管理方法,降低资源消耗、提升环境效益,实现企业环保体系和经济结构的双重优化。

在国家"水十条""环保领域 PPP(Public - Private - Partnership)模式"等政策的推动下,水污染治理在寻求高效处理方式的同时,更加注重污水处理设施的设计与创新。碳基复合材料催化氧化水中有机污染物作为一个新兴的学科,无论是在可持续发展方面还是在基础科学研究方面都有许多工作要做,这需要更多的研究人员投入相关研究领域之中。

主要参考文献

［1］殷井云，罗平，梁柱，等．非均相 Fenton 催化剂 Fe_3O_4 降解亚甲基蓝［J］．净水技术，2017，36(10)：18 – 22.

［2］龚斌，银玉容，何其，等．纳米 $\alpha - Fe_2O_3/H_2O_2$ 异相 Fenton 催化降解酸性橙 7［J］．精细化工，2016，33(7)：825 – 831.

［3］YUE L，CHENG R，DING W Q，et al. Composited micropores constructed by amorphous TiO_2 and graphene for degrading volatile organic compounds［J］. Applied Surface Science，2019，471：1 – 7.

［4］MALIK R，TOMER V K，JOSHI N，et al. Au-TiO_2-loaded cubic g-C_3N_4 nanohybrids for photocatalytic and volatile organic amine sensing applications［J］. ACS Applied Materials ＆ Interfaces，2018，10(40)：34087 – 34097.

［5］LI X，ZHANG Y，XIE Y，et al. Ultrasonic-enhanced Fenton-like degradation of bisphenol A using a bio-synthesized schwertmannite catalyst［J］. Journal of Hazardous Materials，2018，344：689 – 697.

［6］TABRIZI G B，MEHRVAR M. Integration of advanced oxidation technologies and biological processes：recent developments，trends，and advances［J］. Journal of Environmental Science and Health Part A，Toxic/Hazardous Substances and Environmental Engineering，2004，39(11/12)：3029 – 3081.

［7］YANG S，WANG P，YANG X，et al. Degradation efficiencies of azo dye Acid Orange 7 by the interaction of heat，UV and anions with common oxidants：persulfate，peroxymonosulfate and hydrogen peroxide［J］. Journal of Hazardous Materials，2010，179(1)：552 – 558.

［8］周骏，肖九花，方长玲，等．UV/PMS 体系硝基氯酚降解动力学及机理研究［J］．中国环境科学，2016，36(1)：66 – 73.

［9］ANIPSITAKIS G P，DIONYSIOU D D. Radical generation by the interaction of transition metals with common oxidants［J］. Environmental Science ＆ Technology，2004，38(13)：3705 – 3712.

［10］CHEN X Y，QIAO X L，WANG D G，et al. Kinetics of oxidative decolorization and mineralization of Acid Orange 7 by dark and photoassisted Co^{2+}-catalyzed peroxymonosulfate system［J］. Chemosphere，2007，67(4)：802 – 808.

［11］ZHOU X Z，LYU H S，LIU G S，et al. Fabrication of tubelike Co_3O_4 with superior peroxidase-like activity and activation of PMS by a facile electrospinning technique［J］. Industrial ＆ Engineering Chemistry Research，2018，57(6)：2396 – 2403.

［12］HUANG G X，WANG C Y，YANG C W，et al. Degradation of Bisphenol A by

Peroxymonosulfate Catalytically Activated with $Mn_{1.8}Fe_{1.2}O_4$ Nanospheres: Synergism between Mn and Fe [J]. Environmental Science & Technology, 2017, 51(21): 12611 – 12618.

[13] YUN E T, LEE J H, KIM J, et al. Identifying the nonradical mechanism in the peroxymonosulfate activation process: singlet oxygenation versus mediated electron transfer [J]. Environmental Science & Technology, 2018, 52(12): 7032 – 7042.

[14] LI H C, SHAN C, PAN B C. Fe (Ⅲ)-doped $g-C_3N_4$ mediated peroxymonosulfate activation for selective degradation of phenolic compounds via highvalent iron-oxo species [J]. Environmental Science & Technology, 2018, 52(4): 2197 – 2205.

[15] SHI P H, DAI X F, ZHENG G H, et al. Synergistic catalysis of Co_3O_4 and graphene oxide on Co_3O_4/GO catalysts for degradation of Orange Ⅱ in water by advanced oxidation technology based on sulfate radicals [J]. Chemical Engineering Journal, 2014, 240(11): 264 – 270.

[16] DUAN X G, SUN H Q, WANG Y X, et al. N-Doping-Induced Nonradical Reaction on Single-Walled Carbon Nanotubes for Catalytic Phenol Oxidation [J]. ACS Catalysis, 2015, 5(2): 553 – 559.

[17] FENG M B, QU R J, ZHANG X L, et al. Degradation of flumequine in aqueous solution by persulfate activated with common methods and polyhydroquinone-coated magnetite/multi-walled carbon nanotubes catalysts [J]. Water Research, 2015(85): 1 – 10.

[18] DUAN X G, AO Z M, SUN H Q, et al. Nitrogen-Doped Graphene for Generation and Evolution of Reactive Radicals by Metal-Free Catalysis [J]. ACS Applied Materials & Interfaces, 2015, 7(7): 4169 – 4178.

[19] WANG C X, SHI P H, CAI X D, et al. Synergistic effect of Co_3O_4 nanoparticles and graphene as catalysts for peroxymonosulfate-based orange Ⅱ degradation with high oxidant utilization efficiency [J]. The Journal of Physical Chemistry C, 2016, 120(1): 336 – 344.

[20] GAO Y W, ZHU Y, LYU L, et al. Electronic structure modulation of graphitic carbon nitride by oxygen doping for enhanced catalytic degradation of organic pollutants through peroxymonosulfate activation [J]. Environmental Science & Technology, 2018, 52(24): 14371 – 14380.

[21] CHENG R, FAN X, WANG M, et al. Facile construction of $CuFe_2O_4/g-C_3N_4$ photocatalyst for enhanced visible-light hydrogen evolution [J]. RSC Advances, 2016(6): 18990 – 18995.

[22] YAO Y J, CAI Y M, FANG L, et al. Magnetic $ZnFe_2O_4-C_3N_4$ hybrid for photocatalytic degradation of aqueous organic pollutants by visible light [J]. Industrial & Engineering Chemistry Research, 2014, 53(44): 17294 – 17302.

[23] 秦家成. 铁酸锌复合石墨烯/二氧化钛光催化剂的研制及性能调控机制研究 [D]. 合肥:合肥工业大学, 2016.

［24］徐川. 石墨烯基复合催化剂非均相类 Fenton 降解有机污染物的研究［D］. 合肥：合肥工业大学，2015.

［25］YAO Y J，CAI Y M，LU F，et al. Magnetic recoverable $MnFe_2O_4$ and $MnFe_2O_4$ - graphene hybrid as heterogeneous catalysts of peroxymonosulfate activation for efficient degradation of aqueous organic pollutants［J］. Journal of Hazardous Materials，2014（270）：61 - 70.

［26］YAO Y J，XU C，YU S M，et al. Facile synthesis of Mn_3O_4 - reduced graphene oxide hybrids for catalytic decomposition of aqueous organics［J］. Industrial & Engineering Chemistry Research，2013，52(10)：3637 - 3645.

［27］YAO Y J，XU C，QIN J C，et al. Synthesis of magnetic cobalt nanoparticles anchored on graphene nanosheets and catalytic decomposition of Orange II［J］. Industrial & Engineering Chemistry Research，2013，52(49)：17341 - 17350.

［28］YAO Y J，XU C，MIAO S D，et al. One-pot hydrothermal synthesis of $Co(OH)_2$ nanoflakes on graphene sheets and their fast catalytic oxidation of phenol in liquid phase［J］. Journal of Colloid and Interface Science，2013(402)：230 - 236.

［29］YAO Y J，YANG Z H，SUN H Q，et al. Hydrothermal synthesis of Co_3O_4 - graphene for heterogeneous activation of peroxymonosulfate for decomposition of phenol［J］. Industrial & Engineering Chemistry Research，2012，51(46)：14958 - 14965.

［30］YAO Y J，YANG Z H，ZHANG D W，et al. Magnetic $CoFe_2O_4$ - graphene hybrids：facile synthesis, characterization, and catalytic properties［J］. Industrial & Engineering Chemistry Research，2012，51(17)：6044 - 6051.

［31］YAO Y J，MIAO S D，LIU S Z，et al. Synthesis, characterization, and adsorption properties of magnetic Fe_3O_4 @ graphene nanocomposite［J］. Chemical Engineering Journal，2012(184)：326 - 332.

［32］蔡云牧. 基于高活性自由基非均相催化 PMS/H_2O_2 体系的构建和性能调控［D］. 合肥：合肥工业大学，2016.

［33］卢芳. 合成 MFe_2O_4@C_3N_4 杂化材料非均相矿化有机污染物及性能调控［D］. 合肥：合肥工业大学，2016.

［34］YAO Y J，LU F，ZHU Y P，et al. Magnetic core-shell $CuFe_2O_4$@C_3N_4 hybrids for visible light photocatalysis of Orange II［J］. Journal of Hazardous Materials，2015(297)：224 - 233.

［35］YAO Y J，WU G D，LU F，et al. Enhanced photo-Fenton-like process over Zscheme $CoFe_2O_4/g - C_3N_4$ heterostructures under natural indoor light［J］. Environmental Science & Pollution Research，2016，23(21)：21833 - 21845.

［36］YAO Y J，CAI Y M，WU G D，et al. Sulfate radicals induced from peroxymonosulfate by cobalt manganese oxides（$Co_xMn_{3-x}O_4$）for Fenton-like reaction in water［J］. Journal of Hazardous Materials，2015(296)：128 - 137.

［37］陈浩. 非金属元素掺杂碳纳米管包覆磁性金属纳米粒子催化氧化性能的研究

[D]. 合肥:合肥工业大学,2017.

[38] YAO Y J, CHEN H, QIN J C, et al. Iron encapsulated in boron and nitrogen codoped carbon nanotubes as synergistic catalysts for Fenton-like reaction [J]. Water Research, 2016(101): 281 – 291.

[39] 吴国东. 生物质衍生金属嵌入碳纳米管/多孔碳催化剂的制备及性能研究 [D]. 合肥:合肥工业大学,2017.

[40] YAO Y J, ZHANG J, WU G D, et al. Iron encapsulated in 3D N-doped carbon nanotube/porous carbon hybrid from waste biomass for enhanced oxidative activity [J]. Environmental Science & Pollution Research, 2017, 24(8): 7679 – 7692.

[41] YAO Y J, CHEN H, LIAN C, et al. Fe, Co, Ni nanocrystals encapsulated in nitrogen-doped carbon nanotubes as Fenton-like catalysts for organic pollutant removal [J]. Journal of Hazardous Materials, 2016(314): 129 – 139.

[42] YAO Y J, LIAN C, WU G D, et al. Synthesis of "sea urchin"-like carbon nanotubes/porous carbon superstructures derived from waste biomass for treatment of various contaminants [J]. Applied Catalysis B: Environmental, 2017(219): 563 – 571.